听科学家讲我们

菁菁和她的魔法森林

王 欣 著

百万市民学科学——“江城科普读库”资助出版图书

科 学 出 版 社

北 京

版权所有，侵权必究

举报电话：010-64030229，010-64034315，13501151303

内 容 简 介

本书用讲故事的方式将所有的植物种类贯穿起来，给出植物世界的全景式展现。内容涉及藻类植物、菌类植物、地衣植物、苔藓植物、蕨类植物、裸子植物和被子植物这七大类。对于人们最为熟悉的被子植物（显花植物）则以四季的方式描述五十余个目、三百余个科的代表性植物种群。

本书适合中小学生和对植物感兴趣的成年人阅读。

图书在版编目（CIP）数据

菁菁和她的魔法森林/王欣著. 一北京：科学出版社，2018.4

（听科学家讲我们身边的科技）

ISBN 978-7-03-056495-5

Ⅰ.①菁…　Ⅱ.①王…　Ⅲ.①植物-普及读物　Ⅳ.①Q94-49

中国版本图书馆 CIP 数据核字（2018）第 022685 号

责任编辑：张颖兵/责任校对：邵　娜

责任印制：彭　超/装帧设计：苏　波

插图绘制：达美设计　子　晴

科学出版社 出版

北京东黄城根北街 16 号

邮政编码：100717

http://www.sciencep.com

武汉市首壹印务有限公司印刷

科学出版社发行　各地新华书店经销

*

开本：B5（720×1000）

2018 年 4 月第　一　版　印张：8

2019 年 11 月第三次印刷　字数：110 000

定价：35.00 元

（如有印装质量问题，我社负责调换）

“听科学家讲我们身边的科技”丛书编委会

总 策 划：陈平平　李海波　孟　晖　杨　军

执行主编：李建峰

主　　任：李　伟

副 主 任：何添福　张先锋

编　　委（以姓氏笔画为序）：

王秀琴　叶　昀　李　伟　李建峰

李海波　杨　军　何添福　张　玲

张先锋　张伟涛　陈平平　陈华华

孟　晖　夏春胤

前言

人类自诞生之日起就和植物结下了不解之缘。

植物为人类遮风挡雨，提供各种水果、蔬菜、粮食，还有不可或缺的氧气。

地球上生长着50万种以上的植物，为了给它们一一分类、命名，人类也是想尽了办法。我国明朝的李时珍依据植物外形和用途将植物分为草、木、谷、果、菜五部。18世纪瑞典的博物学家林奈(C. Linnaeus)建立了一套分类系统以便研究人员可以根据植物的特征找到其系统位置并对其命名。不过，这些分类方法并不能反映植物之间的亲缘关系和进化顺序，随着自然科学(包括形态解剖学、古植物学、植物细胞学、植物化学、植物分子生物学和植物地理学等)的发展，科学家们又提出了各种更加合理的分类方法。

为了展现植物界的全貌，本书采用了植物界最宽泛的范畴，即包括了藻类、菌类、地衣、苔藓、蕨类、裸子植物、被子植物这七大门类。被子植物(显花植物)是植物界最高级、种类最多的一个类群。它们不仅为人类提供了源源不绝的食物、药物、建材、衣服、纸张、燃料……更用花朵为世界增添了无穷的色彩和迷人的气氛。本书中对被子植物的分类主要参考克朗奎斯特(Cronquist)分类系统。

植物作为生态系统的基础环节,用绿色的臂膀推动着能量和物质的循环,维持着整个生态系统的平衡。了解和关爱植物,对于保护水土、美化环境、减少污染等都有着十分深远的意义。愿每一位地球的居民深爱这里的一草一木,让我们的身边到处是神奇的魔法森林。

王　欣

2017 年 11 月

目录

楔子

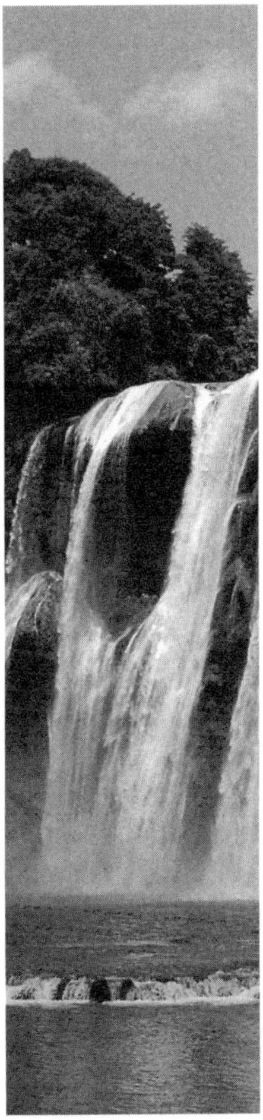

一、菁菁的故乡

很远的地方，有一座群山环抱的村庄。那儿风景秀丽、物产富饶，人们过着幸福的生活。有一天，不知怎么燃起一场大火，大火在山林里烧了三天三夜，从那以后，群山就变成了不毛之地。

没有百灵鸟在枝头歌唱，没有梅花鹿在山崖上徘徊，村里的百花都凋谢了，地里的粮食颗粒无收。人们只能靠着以往积攒的种子为生，许多人离开了家园。

村里有一个女孩叫作菁菁。菁菁十五岁了，她看见村里凋零的景象，感到非常忧愁。

冬天雪花飘飘，就要过年了。

菁菁的母亲说："家里只剩下一些笋干，可怎么过年？"

菁菁的父亲说："不是还有稻谷么？把它们煮熟吃了吧。"

"那怎么行？这些稻谷，是留着来年做种子的啊！"

"村里的人都走光了，我们也该走了，把最后这点粮食吃了，我们就去逃荒。"

菁菁非常难过，在庭院里偷偷地哭了。

她听见一个声音说："菁菁，只要你找到魔法森林，收齐十二颗金种子，土地就会重获生机。"

菁菁四下张望，没有人，只有井边老槐树的枝丫在风中摇动。

菁菁走过去，问："老槐树，是你在说话吗？"

"是呀，菁菁。我看着你长大，也曾看着你爷爷的爷爷长大，我们就像一家人。"老槐树发出沉闷沙哑的声音，"自从山林里着了火，伤到了这块土地的根脉，只有收齐金种子，才能治好土地的伤。"

"魔法森林在哪里？我该怎么收齐金种子呢？"菁菁急切地问。

"一直向北走，就会抵达魔法森林，森林仙子们看守着那些金种子，能不能拿到，要看你的智慧和勇气。”老槐树说完，就不再说话了，它原本茂密的树冠枯瘦了不少，斑驳的树皮就像老人的皮肤。

第二天清早，菁菁和父母说了魔法森林的事。

菁菁的父亲说：“你一个女孩子，怎么能去那么遥远的地方？还是一家人逃往别处吧。”

菁菁的母亲半信半疑：“昨晚我做了一个梦，梦见井边的大槐树上挂满了红丝带，村里的人都回来了。莫非……真是神仙指点？”

菁菁去意已决，父母只能答应了。

父亲牵来一匹白马，交给菁菁：“老人们说，只有孩子才能走进魔法森林，大人都进不去。走进魔法森林的孩子从没有回来，有人说他们变成了森林里的精灵，过着快活的日子，也有人说他们变成了森林里的动物……孩子，你要千万当心啊！”

菁菁点了点头，骑上马儿，离开故乡。

二、打开森林之门

菁菁骑着白马，往北走了七天七夜。

她来到一个地方，被铜墙铁壁一般的大树挡住了去路。大树用粗壮的侧枝挽起了手，紧密地纠缠在一起，主干高高地伸向天空，就像巨人昂首挺立。

菁菁向着大树呼喊：“我是菁菁，我要去魔法森林……”

大树发出一片回响：“魔法森林，魔法森林……”树叶儿抖动起来，仿佛在窃窃私语。

菁菁跳下马背，走到一棵大树前，想从树枝的空隙向里张望。她的手掌在树叶间摸索，却拨不开那一团浓浓的绿荫。

忽然，菁菁的掌心刺痛了一下，她连忙缩回手。

只见掌心出现了一条红线，就像一条蜿蜒的血管。

菁菁惊呼一声，然而眼前一亮，阳光从浓荫中降落下来，融化在她的掌心。她不再感到疼痛，只感觉到一股温暖的力量。

大树的枝干舒展开，纷纷向主干收拢，两棵树之间出现了一条狭窄的过道。

菁菁牵着白马走了进去。

她听见身后一响，回头望去，刚才分开的树枝重新牵起手来，外面的世界看不见了。

菁菁翻身上马，向前飞奔，前方的树木不断分散，后方的树木不断合拢，道路像长蛇在林中穿行！不知过了多久，暮色降临，树林安静下来。

前方隐隐出现一团橘红色灯火，走近了，原来是一座木屋。

菁菁敲门。

门开了，里面站着一位长着鹿头的人，披散着银色长发。

“远方的客人，进来烤烤火！”她做了一个邀请的手势。

菁菁牵着白马进了屋子，白马温顺地蜷缩在角落。

炉火摇曳，炉上的一把铸铁壶冒着水汽。

鹿人取出两只小杯，放进细碎的树叶，注入热水，屋内顿时弥漫起清幽的茶香。

“喝茶！”一只小杯递到菁菁面前。

菁菁伸出手去，掌心的红线兀自鲜艳。

“木灵告诉过我，有个掌心长着红线的女孩会来找我。”

“我来寻找魔法森林中的仙子，向他们收齐十二颗金种子。”

“金种子有什么用呢？”鹿人似笑非笑地问。

“收齐了金种子，就能治好土地的伤，让我的家乡重现生机！”

“不——这只是木灵的计策罢了。魔法森林长期受到人类的侵害，木灵怨恨人类，除了天真无邪的孩子。”鹿人缓缓说道。

菁菁惊讶地问：“你是说金种子救不了我的家乡？”

鹿人摇摇头：“没有人能够收齐十二颗金种子，从来没有。”

菁菁坚决地说：“不管怎样，我总要试试！”

“倘若你找到了金种子，你得用掌心的红线来滋养它们，那是你心中的血液，你愿意吗？”

菁菁说：“我愿意。”

鹿人向炉子里添了一把火，炉火熊熊，把整个木屋都映红了。木屋弥漫着浓浓的水汽，地板吱吱嘎嘎地露出裂缝。菁菁扑向她的马儿，一起沉入深深的地底。

藻类植物

造氧功臣

三、蓝藻初生

菁菁睁开双眼,发现自己漂浮在海面,海天之间铺洒着红宝石般的霞光。

海水深蓝,一望无际,一个蓝绿色的身影向她游来。

“早上好!”那是一朵小蓝藻,长着珍珠般的眼睛。

“我在哪里?”菁菁恍惚如梦。

“这是魔法森林的源头,远古的大海,海洋中刚刚出现生命。”小蓝藻捧起一汪海水,里面隐约可见螺旋形的藻类。它说:“三十五亿年前的蓝藻是地球的第一批居民。它们完成了开天辟地的工程——给地球制造氧气。”

菁菁说:“真了不起!我原以为藻类只是简单的植物。”

蓝藻谦虚地说:“要说简单,藻类确实是最简单的,没有根茎叶,更没有花和果实。亿万年间,我们藻类家族发展到三万余种。从肉眼看不见的衣藻和硅藻,到长达数百米的褐藻,足迹遍布海洋、湖泊、河流、水池、沼泽和陆地。”

菁菁若有所思地问:“我的家乡也有藻类?”

蓝藻点点头:“池塘、树皮、墙角、稻田和石块上都有藻类,只是因为太微小,你看不见罢了。”

菁菁说:“我想看见它们。”

蓝藻摆了摆手:“当藻类在池塘里繁殖到肉眼可见的程度,就说明水质非常差了。你有没有见过夏天的水华——水面上漂浮着蓝绿色的泡沫,鱼类无法呼吸而大量死亡。”

菁菁惊讶地问:“怎么会这样?”

蓝藻无奈地回答:“那是因为人类向池塘中倾倒了太多的垃圾,我们也不希望这样。”

菁菁想起家乡，心里涌起了哀愁。她向蓝藻诉说了家乡的火灾，询问如何才能找到森林仙子，收集神奇的金种子。

“森林仙子？我没有见过。我只知道在大海的深处，住着藻类家族中最具智慧的长者，他或许可以帮你找到森林仙子。”

蓝藻轻轻地跃出海面，划出一道美丽的弧线，潜入幽蓝的海底。

“等等我！”菁菁连忙喊道。

她的掌心传来一阵灼热，无数气泡从手掌渗透出来。她不再感觉到海水的压迫，身体变得轻盈，双手拨开水晶般的海浪，像鱼一样自由地游来游去。

菁菁跟着蓝藻潜入深海，这里的光线十分幽暗，阳光犹如探照灯一般射入水面，被千年不散的黑暗无情地化解了。过了好一会儿，菁菁的眼睛终于可以适应黑暗，辨别出幽灵般的光影。她看见——自己站立在一个巨大的拱门前，到处是巨蟒一般的粗大绳索。

一个威严的声音传来：“谁挡住了我的光线？”

四、深海巨藻

海底传来洪钟般的声音。

菁菁的耳膜嗡嗡作响，她还来不及说话，蓝藻抢先答道：“巨藻爷爷，我给你带来一个人类。”

“我和人类素不来往，人类来做什么？”巨蟒一般的绳索搭上菁菁的肩头，又滑向她的后背，几乎把她包裹起来。

蓝藻在菁菁的耳畔低语：“就说是木灵让你来的。”

菁菁鼓起勇气答道：“是家乡的老槐树让我来的，它让我找到森林仙子，收齐十二颗金种子。”

绳索迟疑了一会儿，慢慢松开了。

巨藻的声音像钟声回荡:"我讨厌说谎的人类,而你说了实话。"

菁菁舒了口气,绳索顺势伸了个懒腰,海水中激起无数个小漩涡。

巨藻舒展之后,慢悠悠地开了腔:"你来找森林仙子,你见过他们吗?"

"没有,请您告诉我森林仙子住在哪里?"

"我就是森林仙子。不过,那是很久以前的事,我已经卸任了。"

菁菁又喜又忧,忙问:"到底什么是森林仙子啊?"

"我们植物界有七个大家族,分别是藻类植物、菌类植物、地衣植物、苔藓植物、蕨类植物、裸子植物和被子植物。每一个大家族都选出最美好的成员或守护者担任森林仙子。被子植物因为特别繁盛,就选出了六位森林仙子,这样一共有十二位森林仙子。仙子们拥有神奇的法力,守护着家族的金种子——那是最具生命力的种子,能够在最艰难的环境下生长。"巨藻一口气说了那么多话,海水发出阵阵潮声。

菁菁点点头:"原来是这样,那么藻类家族的仙子是谁?"

巨藻说:"我们藻类家族比较公平,每一百年就会选出一位新的森林仙子。南北洋流的交汇处,有一座美丽的海底森林,此刻,海底森林中云集了各种藻类,正在竞选新的森林仙子。"

菁菁欢喜地说:"谢谢您的指点,我现在就去找他们!"

巨藻笑了:"等你游过去,他们也散场了,还是让我送你一程。"

话音刚落,只见巨蟒一般的绳索瞬间扩展了几十倍,像一面巨大的船帆,船帆鼓荡起来,如同起了飓风,菁菁被强劲的水流裹挟,向着远方呼啸而去。

五、第一颗金种子

菁菁来到了五彩缤纷的海底森林。

这里有闪闪发光的金藻、丝绸般柔亮的绿藻、鲜艳夺目的红藻、宽阔厚实的褐藻，还有造型奇异的石花菜、鹿角菜、鸡冠菜、海松、水绵……各式各样的藻类装点出一座华丽的森林舞台。

舞台中央，一群小精灵正在翩翩起舞，他们的衣裙是藻类织成，天衣无缝，翩然欲仙。

一个紫衣精灵气喘吁吁地赶来，她不小心踩了菁菁一脚，连声说："对不起。"

菁菁说："没关系。你可不可以告诉我，这里在比试什么？谁会成为森林仙子？"

紫衣精灵看着菁菁："你是远道而来的客人吧？我们藻类家族，通过比舞来选出新一任的森林仙子。谁的舞姿最美，得分最高，就能成为仙子。"

她说着跺了跺脚："我已经迟到了，我得赶在海人草的后面赶快登台。"

台上正在翩翩起舞的那一位，就是紫衣精灵说的海人草了。他身材细长，穿着绿色的紧身衣，舞姿刚劲有力。他独自舞了一会儿，骄傲地对台下说："有谁敢上台来和我对舞？"

台下的精灵跃跃欲试，红色的鹧鸪菜迎上去，可是，她只要一靠近海人草，就吓得花容失色，败下阵来。随后上去的几个精灵也是同样的下场。原来，海人草全身长满了细刺，只要被细刺粘到，就会又疼又痒。

紫衣精灵看出端倪，说："海人草，我来和你比试。"

紫衣精灵昂首来到台上，摆了一个孔雀开屏的造型。她全身的纱裙层层叠叠，像蝉翼般薄而透明，数不清有多少层。

舞曲悠扬，脚步交错。海人草的细刺粘到紫衣精灵的衣裙上，紫衣精灵就把一片衣裙扯下来，优雅地向台下一抛。不一会儿，海人草的细刺都粘完了,紫衣精灵的衣裙还是蓬松柔软,洋洋洒洒的一大片。

海人草羞愧地退到一旁。

菁菁捡起紫衣精灵的一小片裙摆端详,觉得很眼熟——这不是人们常吃的紫菜吗?

紫衣精灵舞姿翩翩,笑容明艳,她热情地邀请每一位选手共舞,并不刁钻使坏,而是配合每一位选手展现出优美的舞姿。舞曲终了,大家纷纷为她鼓掌。

“我宣布,本届藻类家族的森林仙子是红藻门的紫菜。”说话的是圆圆的团藻。

音乐响起,团藻把象征着家族最高荣誉的项链戴到了紫菜仙子的脖子上。

紫菜仙子庄严宣誓:“作为森林仙子,我一定竭尽全力维护家族内外的和平,愿四海清平、四季安康……”

舞会结束了,精灵们彼此问安,道别而去。

紫菜仙子也准备离开海底森林,菁菁赶紧说:“请等一下。”

紫菜仙子回过头,问:“什么事?”

“你的裙子——”菁菁抱着一大把散落在地的紫菜。

“要不了几天就会长出来。”紫菜仙子眨了眨眼,“不过还是非常感谢。”

“你能不能给我一颗金种子? 因为……”菁菁紧张得有点语无伦次。

“为什么不呢?”紫菜仙子取下项链,从吊坠里取出一颗金种子,放在菁菁的掌心。

菁菁惊喜得说不出话来。

紫菜仙子又调皮地眨了眨眼:“我知道你想说什么,我已经是仙子了啊。”

菌类植物

化腐朽为神奇

六、鲜美的真菌

金种子嵌入菁菁的掌心,发出灿烂的光芒。

金光照耀下,紫菜的碎片汹涌地生长,汇成一条柔软的飘带。

菁菁拉住飘带,缓缓向海面上升,她向紫菜仙子挥挥手:“再见,亲爱的仙子!”

“再见,祝你好运!”

菁菁浮出海面,来到一个奇妙的岛屿。

岛上绿草如茵,碧绿的草丛里不时冒出几朵圆圆的蘑菇。

菁菁顿时感到饥肠辘辘,如果这会儿有一碗蘑菇汤多好?蘑菇翻了个跟斗,滚到她的脚边。菁菁定睛一看,竟是一个可爱的娃娃,梳着两个圆圆的发髻。

“欢迎来到蘑菇岛。我是蘑菇仙子。”娃娃笑眯眯地说。

“蘑菇仙子,我就是来找你的!”

“先尝尝我的家宴吧。”蘑菇仙子拍了拍手,草地上出现了一个餐桌,餐桌上摆满了精致的碗碟,盛着各种食物。

“这里有香菇、平菇、猴头菇、红菇、绿菇、杏鲍菇、滑菇、花菇、茶树菇、元菇、草菇、金针菇、银耳、石耳、黑木耳、灵芝、云芝、冬虫草、鸡枞、松茸、牛肝菌、口蘑、竹荪、羊肚菌……”她一口气报了那么多菜名,口若悬河,滔滔不绝。

菁菁尝了一口,舌尖上充满了幸福。

“等等,”菁菁忽然想起了什么,“我吃的都是菌类吗?”

“是的,并且都是真菌。”

“我吃了你的家人,为什么你不生气?”菁菁震惊地合不拢嘴。

蘑菇仙子耸了耸肩:“我们是植物,植物不怕被吃掉。”

“怎么会呢?被吃掉是多么不公平,并且还很疼吧?”

蘑菇仙子摇了摇头："我们植物，一旦成熟，就有两种命运。一种是被动物吃掉，一种是落进土壤烂掉。到底是哪一种，我是毫不介意的。"

菁菁说："植物真是伟大！换了是我，宁可在土壤里烂掉，也不愿意被吃掉。"

蘑菇仙子哈哈大笑："你在土壤里烂掉的时候，就是被我们菌类吃掉了。"

菁菁迷惑不解。

蘑菇仙子说："生物界就是一个巨大的循环，物质和能量在其中运行不息。你看吧，狼吃兔子，兔子吃草，小草吃阳光，我们菌类呢，专吃腐殖质，把枯枝朽木、动物尸骸吃干净了，为新的生命腾出空间。"

菁菁惊叹不已，难道很久以后的将来，自己会被蘑菇吃掉？

她看着蘑菇仙子镇定自若的神情，又喝了一碗汤，美食顿时化解了心中的烦忧。

餐桌上的碗碟都空了，蘑菇仙子拍拍手，餐桌不见了。

蘑菇仙子说："我们说正事吧！最近菌类家族发生了一桩悬案，我正想找一个破案的帮手。"

七、太岁头上动土

蘑菇仙子面带愁容地说："我们菌类家族有三个分支，分别是真菌、黏菌和细菌。我的弟弟黏菌性格非常孤僻，喜欢幽居在漆黑的地下，很少露面。我已经八百年没有见到他了，也不知道他变成啥样了。"

菁菁同情地问："我能帮上忙吗？"

蘑菇仙子说："帮我找到他。"

菁菁有些为难:“我只是一个普通的人类。再说我也没见过他啊。”

蘑菇仙子说:“他长得胖胖的,就像一个大肉团。”

菁菁听村里的老人说过,地下有一种奇特的植物叫作太岁,模样就像一团腐肉,可以千年不老,人吃了可以长命百岁。菁菁问:“他是太岁吗?”

“对!他是有这么一个绰号。”

“太岁可难找了,秦始皇都没有找到。”

蘑菇仙子说:“可不是吗?我们得团结合作。你趴在地上,听听地底传来什么声音?”

菁菁把耳朵紧紧贴在地面,刚开始什么也没听见,过了一会,她听见了隐约的海潮声、小草抽芽的声音、蘑菇在土壤里咀嚼腐殖质的声音……

“安静,什么也别想,专心聆听地底的声音。”蘑菇仙子用非常微弱的气息说。

菁菁心里一片空灵,听觉变得越来越敏锐,甚至可以听见地心岩浆的流动。忽然,她的耳朵捕捉到一种非常独特的声音,就像酣睡的人发出的呼噜声,但是更慢、更细长、更均匀。她欢快地叫道:“我听见了。”

“在哪儿?”蘑菇仙子忙问。

“东南方。”

“好!”蘑菇仙子话音刚落,眼前出现了一条向东南方延伸的地洞。蘑菇仙子钻进地洞,菁菁紧随其后,萤火虫殷勤地赶来照明,地洞里洒满了星星点点的荧光。呼噜声越来越清楚,终于,她们到了一个地方,地洞像是碰上了花岗岩,不能向前延伸,只能向四周扩展,很快出现了一座宽敞的地下宫殿。

宫殿的墙壁竟然在微微蠕动，菁菁恍然大悟，原来钻进了太岁的肉缝！

蘑菇仙子拍着城墙般的肉团，喊道："懒虫，快醒醒！"

鼾声慢慢散去，传来一阵唏哩呼噜的声音，然后一个浓重的鼻音慢吞吞地说："姐姐，你怎么来了？"

"你都八百年没露面了，我还以为你死在地下了。"

"我只是睡了一觉而已。"黏菌说完，又发出轻柔的呼噜声。

"没出息的东西。"蘑菇仙子低声骂了一句，叹了口气："也罢，人各有志，既然他这么能睡，就睡吧，我知道他很好就行了。"

菁菁苦笑了一声，不知该为姐弟俩的重逢是喜是悲。

蘑菇仙子又说："你帮了我的大忙，我该怎样感谢你呢？"

菁菁说："给我一颗金种子吧！"

蘑菇仙子从怀里掏出一颗金种子，送到菁菁的面前。

菁菁刚要接过，她的手又收了回去。

"等等，"蘑菇仙子说，"我想听听细菌妹妹的意见。"

八、不要歧视细菌

蘑菇仙子的话音刚落，空气中、土壤里钻出无数细小的微粒，聚拢成一个个奇形怪状的小怪物。怪物们发出尖细的声音："菁菁，给我抱抱，就把金种子给你。"

菁菁吓得掉头就跑，跑出了很远，终于把怪物们甩掉了。

她气喘吁吁地蹲在地上，擦了擦汗，忽然又听到那个尖细的声音："给我抱抱，给我抱抱。"这次声音不是从身后传来的，而是从身体里面传来的！

菁菁吓坏了，难道细菌钻进了自己的肚子，就像孙悟空钻进了铁扇公主的肚子?

她脸色苍白地问:“你在哪儿?”

“我在你的肠道里!”

“你快出来!”菁菁张大了嘴巴。

“我不出来,我在里面生活得好好的,已经繁殖了好多代。”

菁菁惊讶地问:“你一直住在我的肚子里?”

“是呀!我的名字是益生菌,打你出生后喝第一口奶开始,我就潜入你的肠道,在肠道里定居下来。你消化不了的食物,我帮你消化,再把精华献给你,自己就吃点残羹冷炙罢了。我还生产了很多对健康有益的物质,保护你平平安安地长大。假如没有我——你早就歇菜了。”

菁菁半信半疑:“你对我这么好,为什么我丝毫感觉不到你的存在?”

“因为我一直存在啊,现在我消失给你看看。”

菁菁感到一阵肚子疼,肠道里翻江倒海一般,她连声说:“好了,好了,我相信你。”

益生菌恢复工作,菁菁顿时觉得身体安稳了,她柔声说:“看样子,细菌是人类的好朋友,刚才我错怪你了。”

益生菌公正地说:“一部分细菌是人类的朋友,比如乳酸菌、双歧杆菌、嗜酸乳杆菌、酪酸梭菌,它们不仅能维持肠道健康,还被用来制作泡菜、酸奶、酱油、豆豉等发酵食品。不过,也有相当一部分细菌是人类的敌人,比如葡萄球菌、链球菌、脑膜炎球菌、肺炎双球菌、淋病双球菌、大肠杆菌、痢疾杆菌、伤寒杆菌、变形杆菌、鼠疫杆菌、肉毒杆菌、破伤风杆菌、霍乱弧菌、副溶血弧菌、创伤弧菌,要是被它们缠上,你可就倒霉了。”

菁菁心里慌乱,细菌这么小,怎么分得清是敌是友呢?

益生菌像是看出了她的心事,安慰道:“没事的,有我在,我来保护你。”

“那么，我去和细菌抱抱，就能拿到金种子了。”菁菁转过身去。

蘑菇仙子在她身后，张开双臂。

菁菁不好意思地走上前，和蘑菇仙子拥抱了一下。

她的掌心里多了一颗闪闪发亮的金种子！

蘑菇仙子说：“你该去北极了，那儿是地衣仙子的营地。”她给菁菁的头上扣了一个大蘑菇，蘑菇飞快地长大，就像一把大伞，向地洞的顶壁飘去。

菁菁牢牢抓住蘑菇帽，帽子把顶壁撞开一个大口，阳光照耀进来。

“地衣仙子脾气不好，你要多保重……”蘑菇仙子的声音从遥远的地下依稀传来。

地衣植物

大地彩衣

九、地衣仙子

菁菁飘到北极,头顶上的蘑菇帽遇冷收缩,消失不见了。

她降落在冰雪之中,到处是白雪皑皑的冰川,荒无人烟。

“地衣仙子,你在哪里?”菁菁大声呼唤,声音在寒风中久久回荡。

终于,对面的冰川上出现了一个模糊的人影,人影慢慢靠近,原来是一位俏丽的女郎。

女郎穿着绚丽的彩衣,底色深黑,美艳又神秘。她不动声色地问:“你是谁? 找我干什么?”

菁菁诉说了家乡的灾情,恳请地衣仙子赐予一颗金种子。

地衣仙子斩钉截铁地说:“我不会把金种子给你。”

菁菁惊讶地问:“为什么?”

地衣仙子不屑地说:“看在你还是个孩子的份上,我告诉你——地衣家族原本在大陆上生活得好好的,就是因为人类的烟熏火燎,被迫迁徙到这极北苦寒之地。我不愿帮助人类,更不会把金种子给你。”

菁菁说:“对不起,也许我的要求有点过分。但是我真的很需要金种子,请给我一次机会吧!”

“马上离开这里! 不然,我就不客气了。”地衣仙子说完就不见了。

天空下起了白茫茫的大雪,四周越来越冷。

菁菁欲哭无泪,一个声音说:“别难过,快把我们埋进雪地。”

菁菁低下头,竟然是掌心的金种子在说话。

“这里好冷,你们会冻死的。”菁菁心疼地说。

“不会,我们能适应最恶劣的气候,迅速生长。”

菁菁挖了一个雪坑,两颗金种子争先恐后地跳了进去,不一会儿,雪坑里长出了一株鳞片状的植物,绿色泛白,既像藻类,又像木耳。

“这是什么?”菁菁好奇地问。

“我就是地衣。”植物发出奇特的声音。

“你们明明是藻类和菌类的金种子。”菁菁不解地说。

“很久以前，有一些真菌和藻类生活在一起，相依为命、合作共生，以致在形态、构造和功能上再也分不开了，于是形成了新的物种——地衣。”

“原来如此。”菁菁恍然大悟，又问：“地衣仙子说人类把他们赶走了，这是怎么回事？”

“地衣是很坚韧的植物，可以在岩石上生长，但是特别怕一样东西——硫。人类烧柴烧炭会产生硫、放鞭炮会产生硫、垃圾腐烂也会产生硫……人越多的地方，空气里的硫就越多，所以地衣总是躲避人类。”

“难怪我没有见过地衣，甚至连这个名字也没有听说过。”

“在人烟稀少的地方，偶尔也能遇见地衣。他们生长在岩石、树皮或沙土之上，有好多颜色：铅灰、暗褐、浅褐、翠绿、深绿、湖蓝、金黄、橙红、鲜红、淡紫、乳白……就好像大地的彩衣，又像是树木的秀发。”

菁菁点点头，叹了口气：“看样子，地衣不会与人类和好了。”

“也不一定。很多植物可以吸硫，比如栀子花、冬青、刺桐、美人蕉、月季、丁香、菊花、银杏、洋槐、柳杉。只要多栽种这些植物，地衣可以回到人类的身边，和睦相处。”

菁菁说：“我今后一定在家乡栽培吸硫的植物，把地衣请回来。但是现在——我上哪儿去找地衣的金种子呢？”

十、共生之谜

北极的冰雪严寒之中，地衣顽强地生长。

一个声音说：“绿藻哥哥，你可得加把劲啊，在天黑之前吸收足够的阳光。”

另一个声音说:“真菌妹妹,我正在进行光合作用,你也要多吸收点水分。”

哪儿来的绿藻和真菌?菁菁低下头,好不容易看清楚——原来,地衣的中央是藻类,外围是细密缠绕的真菌,真菌紧紧抱住藻类,就像娇弱的妹妹紧紧依偎着哥哥。藻类靠光合作用制造的有机物,大部分供给真菌,而真菌从外界吸收的水分、无机盐和二氧化碳,也分享给藻类。

时间一分一秒地流逝。

真菌娇滴滴地说:“这里的冻土太坚硬了,吸水很困难,我得非常努力地吸水呢。”

菁菁把手掌放在雪地上,想用掌心的热气融化冰雪。

真菌说:“别这样,你的手会被冻住的。趁这点时间,你用冰雪做一个瓶子吧,等会儿用来装珍贵的示踪剂。”

菁菁把一团雪球的中央掏空,白雪冻硬了,就成了一个瓶子。

雪地上终于长出了绿茸茸的一丛地衣,地衣说:“把我挤出汁液,装进你的瓶子里。”

菁菁挤出地衣的汁液,淡绿色的汁液一滴滴落入瓶子。她掌心的红线,瞬间蔓延到指尖,渗出一滴鲜血,带着菁菁的体温和汁液融化在一起。

泥土中残留的地衣发出低沉的声音:“我们成功了!我们不能以地衣的样子停留在这里,必须经历一场死亡,才能变回金种子。”

“为什么要这样?”菁菁感到莫名悲伤。

“别担心,那不是真正的死亡,只是一场很深的睡眠——这样我们才能退回时间的起点,找到最初的相遇。”地衣说着,把身体慢慢地摊开,真菌和绿藻之间渐渐出现空隙,它们又变成了两种不同的植物。

“绿藻哥哥，谢谢你慷慨地输送了那么多能量给我。没有你，我一定会枯萎，现在我能够先你而去，是幸福的。”话音刚落，外围的真菌就干枯了。

“真菌妹妹，按理说，没有你我可以独自活下去，但是在一起这么久，我已经习惯了。希望下一次萌芽，你还在我的身边，我们一起化作地衣，守护大地宽广的胸膛。”中央的绿藻越来越低矮，直至缩进了冻土。

地衣消失了，两颗金种子从土壤里钻出来，跳进菁菁的掌心。

菁菁看着失而复得的金种子，心里欣慰又伤感。

十一、石蕊示踪

太阳落下了地平线，冰雪世界变成墨色。

那不是漆黑一团的墨色，星空、明月和极光装点着北极的天幕，显得无比浩瀚和神秘！

“菁菁，瓶子里装的是石蕊，滴在地上能显色示踪。”金种子悄声说。

菁菁滴了一滴石蕊在地上，石蕊把地面染成蓝色，汇聚成一个箭头。菁菁沿着箭头的指示前进。每当山穷水尽、四顾茫然，菁菁就再滴一滴石蕊，地上又出现蓝色或红色的图案。

菁菁走了很久，来到一座冰湖，冰湖就像大镜子一样镶嵌在冰川之间。

石蕊在这儿画了一个圆圈，提示菁菁到达了目的地。

“看，地衣仙子把金种子藏在冰湖底了。”菁菁掌心的金种子说。

“我得凿开冰湖窃取金种子吗？”

“你要是不敢，我们也爱莫能助。”

菁菁想了想,踏上冰湖。冰湖冻得非常坚实,可以从湖面看见深深的湖底。一道金光在湖心的深处闪耀,就像一颗夜明珠。菁菁走到湖心,向下凝望,果然是金种子在湖底孤独地闪烁,可望而不可即。

“菁菁,你把剩下的石蕊溶液全部倒在湖心。”掌心又传来一阵叮咛。

菁菁把石蕊全部倾倒在湖心。

石蕊在冰面上扩散,忽然起了剧烈的反应,水雾翻腾,释放出大量热气。这股热气就像钻头一样钻入湖底,凿出一条细长的隧道。隧道凿空,金种子就像得到指令一样跃出冰湖,落入菁菁的掌心。

菁菁看着掌心,那里不仅有金种子的金色光芒,还有彩虹般绚丽的光芒。她抬起头,只见千万道极光洒向冰湖,如梦幻一般极致美丽。菁菁沉醉在这罕见的美景之中。

“菁菁,快跑!”

只听一片水晶落地之声,冰湖开裂了!巨大的裂缝从湖心向四周迅速地蔓延。远处传来急促的马蹄声,地衣仙子驾着七匹黑马的马车从冰川上疾驰而来,菁菁几乎可以感觉到她呼吸散发出的怒气。

菁菁如梦初醒,转身向湖边奔跑,身后不断传来冰层破裂塌陷的声音。她什么也不想,只能拼命地狂奔,马蹄声越来越近,近到就在她的耳旁。菁菁站立不稳,眼看就要坠入万丈冰湖!忽然,有东西托起她,负载着她向前飞驰。菁菁紧紧抓住那飞扬的鬃毛——那不是自己的白马吗?

白马四蹄生风,一口气跑出了冰湖,跑过雪原。

地衣仙子无奈地走下马车,看着菁菁的背影,阴沉地说:“我一定要夺回金种子!”

她的手指一挥,皑皑冰雪化作千百条雪蛇,向着远方爬行而去。

苔藓植物

玲珑之美

十二、淡雅的苔藓

菁菁摆脱了地衣仙子的追赶,跳下马背。

她感激地抚摸着马背,说:“马儿呀马儿,谢谢你救了我!”

白马咴咴地叫着。若是以往,菁菁并不会觉得有什么特别,可是现在她忽然听懂了马儿的话语:“亲爱的主人,我一直都在找你!”

菁菁惊喜地说:“你学会了说话!”

白马说:“是你学会了听我说话。在魔法森林,一切生物的语言都是可以相通的。”

“太棒了!”菁菁兴奋地说,“也许有一天,我可以听懂花儿的语言、昆虫的语言、鸟雀的语言……它们一定会告诉我很多新鲜有趣的事。”

“可不是吗?只要你用心聆听,就能听懂万物的语言。”

菁菁和马儿边走边聊,不知不觉来到一座院落前,推开虚掩的门扉,里面是整洁的回廊。

回廊深处传出悠扬的琴声,白马听了,静静地卧在廊外。

菁菁一个人进了门,她循着琴声,来到一间书房。

书房里端坐着一位正在抚琴的男子,他听见菁菁的脚步声,按住了琴弦,从容地抬起头。

“欢迎你来到苔藓王国。”他的声音和琴声一样绕梁不绝。

“你是苔藓仙子吗?”菁菁问。

“是的,我和我的臣民居住在这里。”他指了指庭院里的一片绿地。

庭院里的每一处土地都被苔藓覆盖,看不见泥土,满眼都是绿色。翠绿中点缀着一些斑斓的色彩,却也井然有序,毫不凌乱。

菁菁说:“这儿真好。可是,我来是有事相求。”

苔藓仙子说:“你的来意我已经知道,我可以把金种子给你,但是你先要学会一件事。”

“什么事?”

“扫地。”

菁菁笑了:“那太容易了。”

苔藓仙子给了她一把扫帚,说:“什么时候学会了扫地,什么时候我把金种子给你。”

第一天,菁菁把地上的落叶、沙土扫得干干净净。

苔藓仙子来了,只是摇摇头。

第二天,菁菁扫得更彻底了,哪怕是头发丝那么细小的碎屑,也统统扫到一旁,埋进泥土里。

苔藓仙子看了,还是摇头。

第三天,菁菁不再刻意扫得那么干净,而是小心地绕开一些地方,以免踩到脚下的青苔。

苔藓仙子看了,什么也没有说。

菁菁一连扫了七天,苔藓仙子终于说话了:“你现在明白,不是为了扫地而扫地,而是为了顺应自然。当人力的修整和自然的造化合而为一,才能达到至善至美的境界。”

菁菁专注聆听。

苔藓仙子又说:“对任何事情都不应抱有功利之心,只求顺势而为,心存善念。”

菁菁点点头。

苔藓仙子向菁菁伸出手。

菁菁满心欢喜地伸手去接,一股力量传来,她右手的食指从指尖到指根一节一节变成了绿色。菁菁又惊又怒,叫道:“你骗人!说好给我金种子的,却把我的手指变成了绿色,叫我怎么见人?”

苔藓仙子微微一笑:“你答应不存功利之心,怎么如此急躁?我给你的这件法宝,是比金种子更宝贵的。”

十三、绿手指

菁菁看着自己的绿手指,纳闷地问:“这是什么法宝?”

苔藓仙子说:“金种子只能化育生命,绿手指可以起死回生。”

“起死回生?”

“只要植物还剩下一口气,就能重新绽放生命的绿色。”

菁菁捡起一片落叶,落叶已经干枯了,只有叶脉上还有一抹绿痕。菁菁心念一动,只觉得一股力量从指尖传出,涌入落叶的叶脉。落叶鲜活起来,转眼变得绿意盈盈。菁菁一松手,它落地生根,自在地生长起来。

“真是太奇妙了!”菁菁满脸的喜悦。

苔藓仙子点点头,又说:“枯荣代谢是植物界的自然规律,你不可滥用这件法宝。况且,这是要消耗生命能力的,用得太多对你危险。”

菁菁郑重地答应了。

苔藓仙子从怀里又取出一件宝物,菁菁定睛一看,竟是半颗金种子。

苔藓仙子说:“我们苔藓家族分为两支,一支是苔,一支是藓。苔喜阴而低平,藓耐寒而高挑,我们兄弟二人,都喜欢自由自在的生活,不愿当什么仙子。不过,为了家族的责任,我们最终说好轮流担任仙子,并且每人负责管理好半颗维持家族繁衍的金种子。”

菁菁说:“原来如此。你到底是苔还是藓?”

苔藓仙子说:“我是苔。我的弟弟藓正在荒野里玩耍。”

菁菁接过半颗金种子,谢过仙子,又问:“我该去哪里找藓?”

苔藓仙子淡淡一笑:“他在你必经的路边,无论你往哪儿走,都会遇见。”

菁菁该告辞了,她心里有些不舍,苔藓仙子不仅给了她金种子,还给了她额外的礼物，以及做人的道理。她慢慢踱到门口，又转身说："我离开之前，最后扫一次地吧！"

她轻轻拂拭青石板，小心地不要触到苔痕。那些苔藓舒展着玲珑的叶片，细看光洁美丽、仪态万方，就好像走进了一个精致的、不染尘埃的宇宙。光萼苔就像九层宝塔、片叶苔就像林间小鹿、角苔像怒放的花丛、细鳞苔像悠游的小鱼、地钱就像地涌金钱般丰饶富庶……好一座静谧幽微的世外桃源。

菁菁扫完地，再看看眼前这个光明正大的世界，忽然有种豁然开朗的感觉。

苔藓仙子一边抚琴，一边吟道："人心惟危，道心惟微，惟精惟一，允执厥中。"

菁菁似懂非懂，默默思量。

苔藓仙子挥了挥衣袖："你该上路了。"

"我们还会再见吗？"

"当金种子在你的家乡生长萌芽，我们就会再相见。"

十四、泥沼中的舞者

菁菁骑着白马告别了苔藓仙子。

她走了一程，被一大片沼泽挡住去路。

"小心啊，菁菁！万一陷入沼泽，我们可就再也爬不出来了。"白马用前蹄慎重地敲打着地面。

"路到这里就断了，似乎也没有别的路可走。"菁菁向两边眺望，看不见沼泽的边际。

她试探着向沼泽里抛入一块石头，石头慢慢陷下去，一个个气泡咕噜咕噜地从泥沼里冒了出来。

冒着气泡的泥沼里钻出来一个人影,浑身是泥,只有一双黑白分明的眼睛闪闪发亮。

菁菁吓了一跳。难道遇见了鬼?

泥人说:“别害怕,我的名字叫藓。”

“你是苔藓仙子的弟弟?”

“是啊!”

菁菁不禁感叹,这兄弟两人相差也太远了,苔藓仙子那么清洁淡雅,弟弟却这么邋遢。

菁菁说:“我需要金种子拯救我的家乡,你的哥哥给了我半颗金种子,请你给我另外半颗。”

藓在泥沼里做了一个侧空翻,又稳稳地站在泥里,挑逗地说:“你过来拿,我就给你。”

菁菁有点生气,她想起苔藓仙子的教诲,尽量心平气和地说:“我没有你的本事。可是金种子关系到我家乡的兴亡,请你把它给我吧!”

“没有本事,就不要乱闯魔法森林!”

菁菁咬了咬牙,说:“好,我过来拿。”

白马咬住她的衣襟,可是来不及了——菁菁的双脚踏入泥沼,泥沼仿佛张开了漆黑的大口,一口一口将她吞噬。

泥沼漫过胸口,菁菁已经无法呼吸,忽然她感到脚底被人用力推了一把,就像踩到弹簧一样弹了起来。菁菁弹到半空,又落回泥沼,又弹到半空,这样来来回回好几次,她才被弹到地面上。

藓也来到了地面上。一落到地面,他身上的泥土就纷纷往下掉。菁菁这才看见他的真面目,是一个挺阳光的青年。

“虽然没什么本事,胆子倒还不小!好吧,我把金种子给你,不过你先说说什么是藓?”

“藓——就是那种很细很小,像青苔一样的植物。”

“这么小瞧我，我还真得给你上一课。”

藓的话音刚落，菁菁就感觉全身发痒。她身上沾满了泥土，此时有千万个小藓都从泥土里生长出来。

藓促狭地说：“看好哦，毛毛虫一样的是大灰藓、小刺猬一样的是墙藓、鱼鳞般的是鳞叶藓、细软蓬松的是金发藓、棕榈般的是万年藓，宝葫芦一样的是……”

“是葫芦藓！我家院子里有这种藓。有一次我的膝盖擦破了，父亲用它来帮我止血。”

藓点了点头：“你还算有点记性。”

“你再看。”藓指向那片沼泽，只见火光一闪，泥沼燃成了一片火海。火焰熄灭，地下出现了一个天坑。暴雨之后，天坑变成了湖泊。湖泊里生长着丝绒般细长的泥炭藓，一层又一层地堆积，湖泊又变成了沼泽和平原。

菁菁面对着沧海桑田瞬间变幻，惊讶得说不出话来，直到耳畔有一个声音响起：“这才是藓。我们藓类，聚少成多，以弱胜强，负责掌管湖泊、沼泽、森林之间的变迁。”

菁菁小声说：“我以后再也不敢小瞧细微的植物了，越是细微，团结起来的力量越是不可思议。”

藓说：“你明白了这一点，我才可以放心把金种子给你。”

他伸出手，握住菁菁的手。

苔类和藓类的金种子珠联璧合，在菁菁的掌心融为一体，和另外三颗金种子交相辉映。

蕨类植物

拔地而起

十五、蕨类山谷

泥炭藓野蛮生长,沼泽变成了陆地。

藓带着菁菁和马儿穿越这片新大陆,来到一座风景秀丽的山谷。

“我不能再走了,前面是蕨境。”藓说。

“绝境?!”

“蕨类的领地。你看,漫山遍野都是蕨类。”

菁菁放眼望去,四处郁郁葱葱,从数丈高的大树到低矮的小草都有一个共同的特点:长着细长而优雅的叶子,叶子左右对称,平整而舒展。

菁菁问:“我到哪里寻找蕨类仙子?他为人可好?”

藓说:“他是个脾气古怪的老头,帮不帮你就看你的运气了。”

藓像风一样离去了。

“等等,我还有话要说……”菁菁喊道,可是藓已经消失得无影无踪。

牵着马儿走了一会儿,菁菁的心情慢慢转晴。

山谷里溪水潺潺、鸟啼婉转,蕨类的绿叶苍翠欲滴,令人赏心悦目。她看见路边有一棵蕨菜,想采来充饥,伸手却抓不住它,它从指缝溜了出去。

菁菁抓来抓去,蕨菜就像长了腿一样,从她的手指间钻来钻去。

菁菁站起来说:“谁在和我捉迷藏?蕨类仙子,是你吗?”

一位白胡子的老人出现了,满不乐意地说:“到了我的地盘,不给我礼物,还想偷吃我的蕨菜。”

菁菁说:“爷爷,我饿了,不是故意偷吃你的蕨菜。”

“你可以吃这个。”老神仙指了指菁菁的绿手指。

“这是我的手指,也可以吃吗?”菁菁吃惊地问。

“当然可以吃,吃完还可以长。”

菁菁舔了舔手指,味道竟然还不错呢! 她小心地吃了一节手指,刚吃完,手指又长了出来。菁菁苦笑了一下:没想到绿手指可以吃,看来一路上得靠手指来解馋了。

老神仙看着菁菁津津有味的样子,采了几棵蕨类咀嚼起来。

他一边吃,一边说:“这是治风湿的松叶蕨,有点涩。这是化痰止咳的阴地蕨,有点腥。这是解蛇毒的七指蕨,有点苦;这是融化肾结石的海金沙,有点咸……”

菁菁好奇地问:“这些蕨类都可以吃吗?”

老神仙说:“这些蕨类都是药,病人才可以吃。记住,蕨类都是有毒的,就连蕨菜多吃也会中毒。”

菁菁吐了吐舌头。

她觉得老人貌似威严,其实还是挺和气的,就问:“神仙爷爷,您今年多大年纪了?”

老神仙扳着手指算了算,说:“四亿。”

菁菁吓了一跳:“这么久?!”

老神仙摸了摸白胡子,慢悠悠地说:“自从地球有了第一株蕨类,植物就有了征服陆地的武器,也有了进一步分化的可能。从那个时刻算起,已经过去了四亿年。”

菁菁疑惑地问:“什么武器?”

老神仙剥开一棵蕨菜给菁菁看,只见里面有一根根细管。他说:“这是维管,植物运输营养和支撑身体的结构。有了维管,植物才能够竖立起来,其功能类似于人类的脊梁。”

菁菁回想起藻类、菌类、地衣和苔藓都贴地生长,长不高也挺不直,原来就是缺少这样一根维管。

老神仙指了指一棵桫椤,得意地说:“看,像不像大树? 这也是我们蕨类。我们蕨类可以长到几十丈高!"

"天哪,那么高的蕨类,岂不是把天也戳破了?!"

"确实如此!不过,我把它封印了。它的名字就叫封印木。"

十六、蕨中高手

蕨类山谷里风和日丽、阳光普照。

忽然天黑了,乌云遮蔽了太阳,寒风席卷而来。

老神仙觉得奇怪,喊道:"金毛狗,外面发生了什么?"

一人多高的树蕨抬起叶片,它的根部长满金色绒毛,就像趴着一只金毛狗。

金毛狗转动叶片捕捉空气中的信号,报告说:"山谷外面结冰了,到处都是白茫茫的雪。"

老神仙望了望远处,说:"那是一条条的雪蛇。"

原来是地衣仙子派出的雪蛇追杀到这里,菁菁急忙诉说了在北极的遭遇。

老神仙哼了一声:"敢在我的地盘上撒野,定叫她有去无回。蜈蚣草,你去打头阵。"

细长的蜈蚣草钻出草丛,它的叶片狭窄尖利,如同蜈蚣的百足。

雪蛇涌进山谷,蜈蚣草纷纷迎上前去,和雪蛇抱成一团。山谷里一片狼藉,到处是雪蛇和蜈蚣草扭打的身影,最终,蜈蚣草把雪蛇裹成了粽子,远看是一个个绿白相间的雪球。

太阳从乌云中露出了头。雪球渐渐融化,汇成溪流,淹没了道路。

"水韭、水蕨、槐叶苹……该你们上场了。"

水生蕨类迅速地生长,在水底交织成一张绿色的大网,大网越来越密,吸干了雪水,化作茂密的草丛。草丛漫过膝盖,菁菁还是寸步难行。

“木贼,修一条路出来。”

竹竿似的木贼挺身而出,在草丛中横扫一大片,水生蕨类纷纷倒伏,让出一条铺着绿毯的小路。

菁菁好奇地问:“它为什么叫木贼?”

老神仙答道:“这种蕨类坚硬笔直,是木匠的工具,对于木头而言就是贼了。”

菁菁心里为木贼抱不平:“你帮了我的大忙,今后我要为你起个好名字。”

他们走出了山谷。老神仙指了指前方的山峰,说:“翻过这座山,就出了蕨类山谷。你在这里休息一晚,明早再赶路。”

山崖上的铁线蕨攀缘过来,在路边盖起了一顶帐篷。帐篷里铺着柔软的凤尾蕨,就像一张温暖的小床。

菁菁问:“神仙爷爷,明天我们还会一起赶路吗?”

老神仙摇摇头:“我还有事呢。”

菁菁不好意思地说:“您能把蕨类的金种子给我吗?”

老神仙翻了翻白眼:“我的金种子不能随便送人,你得给我等价的礼物。”

菁菁的脸红了:“我离家匆忙,什么也没有带。”

老神仙耸耸肩:“没带礼物,那你去找别的仙子吧!说不定有的仙子心肠好,会多给你一颗金种子。”说完,他就头也不回地走了。

菁菁失望地钻进帐篷,自言自语地说:“这个仙子也太小气了。哎,我该怎么拿到金种子呢?”她实在太累了,来不及细想,很快进入了梦乡。

十七、月光下的鸟巢蕨

月亮爬上了中天,山谷里静悄悄的。菁菁从睡梦中醒来,耳畔传来奇妙的鸟鸣。是什么鸟儿在静夜里歌唱?菁菁好奇地钻出帐篷,循着鸣声,发现了一只鸟儿。

鸟儿的羽毛发出淡淡的光辉,它的嗓音就像水珠滴落在玉阶上那么清脆空灵。

菁菁屏住呼吸,聆听鸟儿的歌声。

过了一会儿,鸟儿唱累了,飞进了林中。

菁菁跟着鸟儿,走入蕨类树林。鸟儿时隐时现,菁菁走走停停。忽然,鸟儿一头扎进草丛里,再也不动了。菁菁走近一看,地上长着一种大叶簇生的蕨类,就像一只圆锥形的鸟巢。

菁菁不敢惊动鸟儿,在一旁静静等待。

等着等着,菁菁又睡着了,当她醒来,已经是明亮的清晨。

菁菁走向鸟巢蕨寻找那位神奇的歌唱家,可是,鸟巢蕨空空如也,鸟儿已经不见了。

忽然她眼前一亮,鸟巢蕨里有一根轻灵的羽毛!她捡起羽毛,只见这根羽毛蓝中泛绿,绿中透紫,神秘莫测,美丽无比。菁菁欣赏着羽毛,心里一亮,转身向山谷跑去,边跑边喊:“神仙爷爷,快来看我的礼物!”

老神仙还躺在树梢上打盹呢,他头也不抬地问:“你怎么回来了?”

菁菁把羽毛送到他眼前:“这是我的礼物。”

老神仙端详了一下,说:“这是灵音雀的羽毛。相传捡到它的羽毛的人,要么一生好运不断,要么一生厄运连连。”

“到底是好运还是厄运呢?”

“要看那人捡到之后,做的第一件事走不走运。比如说你捡了这根羽毛，来换我的金种子。我若是给了你，你就一生好运，不然就是厄运。”

菁菁愁眉苦脸地说：“我不会那么倒霉吧？”

老神仙动了恻隐之心，说：“我也不希望你倒霉。可是，如果我把金种子给了你，就轮到我拥有这根羽毛，也是祸福难料啊！”

菁菁说：“您一定会交好运的，我保证。”

“真的？”

“真的。因为我还有一件礼物送给您，是昨晚的鸟儿教会我的。”

老神仙想了一想，说：“好吧，我就相信你一次。”

他把金种子交给菁菁。

菁菁接过金种子，清了清嗓子，说：“神仙爷爷，我为您唱一首歌吧。”

她唱起了家乡的山歌，歌声婉转悠扬，饱含情意。老神仙的脸上不知不觉露出了笑容，他说：“我喜欢这首歌，你的家乡一定很美，我好像看到了一样。”

菁菁点点头：“它曾经非常美丽……”

想起那一场大火，菁菁流下了眼泪。

老神仙拍了拍她的肩膀：“快点赶路吧！愿你收齐十二颗金种子，好运会永远伴随你。”

裸子植物

青涩的种子

十八、花之前世

菁菁和马儿走出蕨类山谷,来到一片郁郁葱葱的森林。

森林里长满了遮天蔽日的松树、柏树和水杉,阳光如水晶箭镞一般从茂密的枝叶间照射下来,形成美丽的光影。

一个稚气的声音喊道:"姐姐,你来了!"

菁菁转头,只见一个和自己年龄相仿的少年站在大树下。

"你是谁?为什么叫我姐姐?"

"我是这片森林的守护者,你看,我会隐身。"说完他就不见了,从不同的方向转来他的声音"姐姐……姐姐……",直到他从另一棵大树里钻出来。

"既然白捡一个仙子当弟弟,我就不客气了。"菁菁笑眯眯地问,"你是哪个家族的仙子啊?"

"我们家族的名称是裸子植物。"

"莫非你们都不穿衣裳?"菁菁暗自窃笑。

"裸子植物并非赤身裸体,只是种子的构造比较简单。"少年说着捡起了一颗松子,"你看,这颗松子就是一颗种子,它不像桃子那样有果实包被,桃仁才是种子。"

"为什么它们不一样?"菁菁好奇地追问。

"种子是由胚珠发育而来,果实是由子房发育而来。被子植物的胚珠包在子房内,所以称为被子植物,发育成熟后不仅有种子还有果实。而裸子植物的胚珠没有子房的保护,是裸露的,发育成熟之后只有种子。"少年羡慕地说,"被子植物的种子更容易萌芽,生命力更加顽强,那才是真正完美无缺的种子啊!"

"难道这些不是?"菁菁摊开手掌,她的掌心已经有五颗金种子了。

"这些其实是孢子,结构更加简单。当然啦,它们是藻类、菌类、地衣、苔藓和蕨类繁衍后代的法宝，广义而言也是种子。”

一枚松果从树枝上坠落下来，蹦出几颗松子。它们仿佛在说：“虽然我们没有果肉的保护，但是我们有球果啊！有坚硬的种皮啊！不然从这么高的树上摔下来，还不粉身碎骨？大自然并没有亏待裸子植物，所有该考虑的问题都帮我们考虑好了。”

少年忽然指了指前方：“你的运气真好，看，铁树开花了！”

菁菁顺着他的指尖望去，只见一对铁树相依相伴，雄铁树顶着几个金黄色大棒子，雌铁树顶着一个沉甸甸的圆球。

“这也是花啊？”菁菁忍不住笑了。

少年说：“不要笑，这是花的雏形，是你见过的万紫千红的前世。”

“这花——倒是挺雄壮的。”

他们一路上看见了形形色色的花，和菁菁平时熟悉的花大相径庭。松树的花像嫩黄的宝塔，柏树的花像肉质的小星星，杉树的花犹如很多肥嘟嘟的手指。最奇异的是百岁兰的花，它的叶子就像兔子耷拉着两只大耳朵，花是鲜红色的，像一串串麦穗。少年特意在百岁兰的花前驻足指点：“这是曾经和恐龙同处一个时代的珍稀物种，举世罕见。愿你和它一样长命百岁。”

菁菁看着这些奇形怪状的花儿，忽然冒出了一个问题：“花儿是用来做什么的？藻类、菌类、地衣、苔藓和蕨类没有花，不是也活得好好的？通过孢子繁殖，不是家族也很昌盛吗？”

少年挠了挠头，说：“我不知道。按说，有了花儿，就需要传粉，植物和植物之间，就好像人与人之间有了爱情。什么是爱情我也不太清楚，因为我们还没有真正的花儿呢。”

十九、松柏长青

菁菁和少年在森林里漫步，空气中弥漫着松柏的清香，令人心旷神怡。

少年问道："你说人类最喜欢什么植物？"

菁菁说："应该是麦子和稻谷吧？"

"它们虽然重要，但是天天见面，也就司空见惯了。你见过谁最喜欢麦子？"

"那么，应该是牡丹和桃花。"

"它们虽然美丽，但是美丽的植物太多，人类也是各有所好。"

"你说人类最喜欢什么植物？"菁菁反问。

"人类最喜欢松树！"少年自豪地说。

"为什么？"

"诗经、离骚、唐诗、宋词……古人吟咏最多的，就是朴实无华的松树。它有着迎霜傲雪的针叶，枝干遒劲有力，身材挺拔魁伟，是正直高洁的象征。"

菁菁想了想，点点头："我的家乡有一棵苍翠的雪松，就像顶天立地的宝塔，每次看见都觉得心里特别踏实。"

少年说："松木是难得的栋梁之材，松针和松脂都可入药，松树对人类也是鞠躬尽瘁呢。"

菁菁对着面前的松树由衷地赞美道："真是了不起的松树！"

少年笑着说："这棵不是松树，是柏树。"

"唔，它们长得好像。"

"柏树是松树的近亲，它的叶子是鳞形或刺形的，木质坚实，树姿优美，犹如谦谦君子。它可以活几千岁，是植物界的寿星。"

"几千岁！那得经历多少朝代的更替啊？"

“晋祠里的一棵周柏见证过三千年的王朝兴衰，那些深山老林里的柏树也许见过茹毛饮血的先民。”

菁菁无语，人的一生和树木相比，就像弹指一挥间。

他们来到一棵树下，树木非常高，仰头看不见树梢，阳光从树冠倾泻而下。

菁菁问：“这是松树还是柏树？”

少年说：“这是杉树，树木当中的巨人，可以长到一百个成人那么高！”

菁菁觉得自己很渺小，她摸了摸杉树的树干，里面传来无比强大的坚实与力。

森林里到处是高耸入云的松树、柏树和杉树。

菁菁不断地问：“这是松树，还是柏树，还是杉树？”

“这三种树外形颇为相似，名字也经常弄混。比如冷杉、银杉、云杉、红杉其实是松树，水松其实是杉树。”

“它们模样这么像，名字也乱起，我可记不住。”

“记不住，那就不记吧。菁菁——你如果不叫菁菁，难道就不是菁菁？”

菁菁惊讶地问：“你怎么知道我的名字？我还没有告诉你呢！”

“是木灵告诉我的。”

“木灵又是怎么知道的？”

“木灵在风里来去，和每一棵草木交谈，知道每一个地方发生的事。”

“你能不能让我见到木灵？”

“走吧，木灵想见你的时候自然会见你。否则，他就是在你眼前，你也是见不到的。”

二十、银杏和红豆杉

菁菁又看见了一棵姿态优雅的大树。树上缀满了透明如碧玉的扇形叶片，如美人手中的折扇，又如蝶翼在枝头飞舞。菁菁说："这不是银杏吗？它如此特别，一点儿也不会和别的树弄混。"

"银杏原本也有不少模样相似的兄弟姐妹，可惜没有度过第四纪冰期的浩劫。"

"第四纪冰期是怎么回事？"

"大约二百万年前，地球进入第四纪冰期，气温比往年降低了十多度，土地常年被积雪覆盖，很多植物因为严寒而死去了。"

"银杏是怎么度过那个冬天的呢？"

"银杏把养分都输送给了一串串白果，又用密密匝匝的叶片盖住埋在冰雪里的白果。白果在雪地里休眠，当天气稍微温暖的时候又发出了嫩芽。"

"大树爱它们的果子就像母亲爱自己的孩子一样啊！"

"那是当然。你今后采果子的时候，记得留几个果子在树上。若是你把果子采得一干二净，母树也会伤心的呢。"

菁菁忽然听见一阵微弱的叹息，循声望去，只见一棵缀满红豆的大树，红豆正一颗一颗地从树枝上落下来，好像人在落泪一般。

菁菁问："这棵树怎么了？"

"这是红豆杉，它在为家人的命运担忧！"少年说，"红豆杉不是杉树，是裸子植物中非常珍稀的物种，也是经历了第四纪冰期劫后余生。它的红豆很美，树皮可以治疗绝症，人们对它格外青睐。可是对于一棵树来说，这也不是什么好事。"

"可怜的红豆杉。"菁菁不禁轻轻摩挲着红豆杉的树皮，就像安慰一个受伤的朋友。

一股力量从菁菁的指尖传递出去。红豆杉不再落泪了。

菁菁听到一个温柔的声音说:“谢谢你！我觉得好多了,但愿人类都和你一样善待我的家人。”植物的语言和人类大不一样,但是菁菁还是能够听得清清楚楚。

她大声回答:“红豆杉,放心吧,人类一定会保护你们。”

红豆杉轻摇枝叶,发出一片悦耳的欢呼。

长路到了尽头。再往前,就是被子植物的王国了。

少年说:“被子植物是魔法森林的最后一个家族,也是最繁盛的一个家族。接下来,你的道路会更加漫长,也更加艰辛。你真的要走吗?不如留在这儿,和我们裸子植物一起快乐地生活。”

菁菁说:“我日日夜夜牵挂着家人,怎么能够停留呢?”

“如果你的家乡变好了,你会回来吗?”

菁菁迟疑了,魔法森林虽然很美,毕竟是另一个世界。

“没关系,我会去看你的。”少年又露出了无忧无虑的笑容,“每年花朝前后,我们会去探访人间的亲族。虽然是御风而行,一晃而过,可是我当路过你的家乡,会在你的门口留下红豆,你就知道是我来过。”

他将金种子慎重地安放在菁菁的掌心,目送她骑着马儿缓缓离去。

被子植物

夏之芳香

二十一、夏日檀香

菁菁来到被子植物的王国,这里草木茂盛,空气中流淌着初夏的芬芳。

菁菁四处张望,问道:“马儿啊,你猜被子植物的六位仙子是居住在一处呢?还是分散在各地?”

马儿说:“仙子们都爱独来独往,我猜他们分散在各地。”

“我们会最先遇见哪一位仙子呢?”

菁菁的话音未落,前方一片彩旗招展,细看不是彩旗,而是森林仙子的衣袂飘飘。

森林仙子乘着扁舟而来,扁舟是许多树叶汇聚而成,当森林仙子来到菁菁的面前,走下扁舟,树叶们就散开,各自生长去了。

这是一位多么美丽的仙子啊!她红润的面颊带着灿烂的笑容,笑声朗朗地说:“欢迎你,远方的客人!”

“我叫菁菁。”

“我叫芙宁。”

“芙宁姐姐,你长得真美!”

“你也很美,美得就像夏花。”

“为什么像夏花?”

芙宁仙子笑着说:“我是夏日的仙子,最爱夏花。我管辖着檀香、泽泻、睡莲、牻牛儿苗、胡椒、姜、鸭跖草、罂粟、百合这九个目的花木,它们是整个夏天最灿烂的生命。”

这时一阵香风袭来,檀香树发出深情的呼唤:“芙宁仙子,请你祝福我的家族。”

“檀香树,愿你和铁青树、桑寄生、槲寄生、蛇菰它们组成一个幸福的家族,共沐夏阳,繁荣昌盛。”

菁菁好奇地问:“你说的都是些什么植物啊?”

芙宁仙子耐心地解释说:“被子植物的家族异常繁盛,有52个目,383个科,12600多个属,25万多种。就拿檀香目来说,包含铁青树科、檀香科、桑寄生科、槲寄生科和蛇菰科等10个科。每一个科又有若干个属,比如檀香科包括檀香属、檀梨属、沙针属、百蕊草属等30个属。同属的植物往往有很多共同的特征,它们的名字也相似,比如檀香属的植物都叫作檀香,但是细分还有小笠原檀香、巴布亚檀香、斐济檀香等约70个种。种是植物分类最基本的单位,同种的植物互相传粉繁衍后代。”

芙宁一边走,一边把铁青树、桑寄生、槲寄生和蛇菰等植物指给菁菁看,它们中有些是灌木、有些是寄生在其他树木上的植物、有些是草,看上去和檀香树相差甚远。但是它们的花和种子与檀香树的十分相似,意味着这些植物有着内在的亲缘关系。

是谁为这些植物细细分类、一一命名的呢?菁菁刚想发问,檀香树热情相邀:“远方的客人啊,请你也为我祝福。”

菁菁想了想,说:“祝愿你开出美丽的夏花。”

檀香树上绽开了深红色的花儿,有着小巧的花瓣、花蕊、花萼,比起裸子植物的花精致了许多。再过一些天,这些深红色的花儿将变成深紫色的果实。果实的中央有一颗细小的种子——这是被子植物家族共同的特征。

“菁菁啊,你一路行来,还不曾见过果实。可惜夏阳初耀、夏果未熟,我不能招待你了。”芙宁仙子遗憾地说。

“为什么银杏的白果、红豆杉的红豆不是果实,这檀香花结出来的就是果实呢?”菁菁真想长出一双慧眼,看到花心里面去,把被子植物家族的秘密看个彻底。

二十二、清净的莲花开了

菁菁来到一片清澈的池塘。池塘的中央涌起了一朵朵粉红色的菡萏，如同仙女在水面上伫立，菁菁被那清丽脱俗的风采迷住了。

“清净的莲花，美得不像人间的花。”菁菁赞叹道。

“只有在人间，才懂得这种花的珍贵。”芙宁说，“我来给你讲一个莲花的故事。”

芙宁仙子讲了一个古老的神话。

从前，有一位英雄名叫阿周那。阿周那面临一场大战，与他交战的是手足兄弟。阿周那非常痛苦，祈求天神让他退出战场。天神化身为他的车夫，对他说：“投身至大战方酣处，将你的心放在神的莲花脚下。”

于是，阿周那返回战场，奋力厮杀。

这个故事对于此刻的菁菁太深奥了，她不解地问：“为什么会这样？”

芙宁仙子说：“这是一个寓言。战争象征着世间的烦恼，是无法躲避的。未来无论遇见什么挫折，希望你保持一份莲花般宁静超然的心态。”

菁菁点点头。

这时一阵风过，莲花在水面上微微颔首，仿佛在说：“菁菁啊菁菁，花儿如此美丽，是为了点穿世人的灵窍的。”

除了婷婷出水的莲花，池塘里还有一种浮在水面上的睡莲。它们的睡姿看起来那么安逸、那么温柔，也许只有内心最纯净的花儿，才能拥有如此深沉的甜梦。

池塘边的小路上，还有一群花儿在吐露芬芳。

它们红紫缤纷，绿叶层叠，犹如一群天真可爱的少女。

少女们三五成群地聚集在一起，撑着花伞翩翩起舞。

芙宁仙子说："这是牻牛儿苗目的天竺葵，和睡莲目的莲花一样来自遥远的热带。"

天竺葵发出愉快的合唱："幸福啊幸福，不知不觉地来到了。"它们反复地唱着这句歌词，好像念着一句神奇的咒语。

芙宁仙子说："每一种花都有一种花语，那是它们最想表达的情感。"

"幸福啊幸福，不知不觉地来到我身边。"菁菁跟着一起小声地哼唱，情不自禁地和花儿一起舞蹈。

天竺葵散发出阵阵香气，和莲花的清香不同，它的甜美之中带着点辛辣的绿薄荷味道，初闻时温柔可人，细闻活泼又带劲儿。如果说莲花带来的是静谧的喜悦，令人置身于一片净土，天竺葵带来的是快乐的豪情，令人精神抖擞心花怒放。

二十三、姜与胡椒

艳阳高照的夏天，菁菁忽然觉得一阵寒意袭来，冷得差点晕厥过去。

芙宁仙子摸了摸她的额头，惊讶地问："为什么你体内有这么重的寒气？"

菁菁含糊地说："大概前一阵受了凉。"

芙宁仙子说："我带你去看姜大夫。"

姜大夫原来就是生姜，它长着蝴蝶一样的黄绿色花瓣，绿叶斜伸如剑出鞘。

"姜大夫，请你祛除菁菁体内的寒毒。"

生姜从地里伸出一根嫩金色的根茎，从根茎里涌出金黄色的汁

液,菁菁喝下去之后,觉得一股暖流汇入丹田,就像一轮小太阳似的散发着热量。

很快,菁菁恢复了精神,高兴地说:“谢谢你,姜大夫!”

“不用谢,我们姜目的植物都有一颗热心肠,助人为乐是我们的本分。”

“姜目还有什么植物呢?”菁菁好奇地问。

“香蕉——它含有丰富的色氨酸,可以使人心情愉快。”

香蕉和生姜的外形相差甚远,可是这两种植物的根状茎、鞘状叶基颇有几分相似,它们的花和种子结构也相似,植物与植物之间的亲缘关系真是奇妙。姜目的旗下还有姜黄、豆蔻、砂仁、草果……它们都是很好的调味品或者药材。

告别了生姜,她们继续前行,却被一根藤条拦住去路。

“芙宁仙子,你真是偏心!明明是我先开花,你却先去探望生姜,我等得花儿都谢了。”藤条气呼呼地说。果然,藤条上长着淡黄色的珍珠般的小花,有些已经落到地上,有些变成了小黑豆般的果实。

“我去看望生姜,是为了让它给菁菁治病。”芙宁仙子耐心地解释。

“我也能治病,为什么不找我?”

“你的性子太急躁,我怕你伤到菁菁。”

“菁菁,别听她胡说。”藤条毫不客气地说,“快尝尝我的果实,效果比生姜好一百倍!”

菁菁采了一颗果实放入口中,一股热辣的气息顿时在唇齿间爆裂开来,眼中情不自禁地流下热泪。

原来,这是胡椒!

芙宁仙子嗔怪地说:“胡椒啊,你既然成为胡椒目的代表,应该谦逊有礼才是。再这样下去,小心被磨成胡椒粉。”

胡椒满不在乎地说:“我就是我,我才不怕呢。”

二十四、忧伤的红罂粟

菁菁饱含热泪离开了胡椒。

不一会儿，她听见一阵真真切切的哭声，只见一朵非常美艳的红花，花瓣下方不断地流出乳白色的泪水。

菁菁问："你是谁，为什么哭啊？"

"我是罂粟目的红罂粟，我为了这个美好的世界哭泣。"

"世界如此美好，你应该感到高兴才对！"

"世界如此美好，可是我就要凋谢了，怎能不伤心呢！"红罂粟说完又泪下如雨。

菁菁同情地说："别难过，也许我可以帮助你。"

"你可以的。只要你吻干我的眼泪，我就不会再哭了，我还会露出最甜美的笑容。"

"菁菁，你要小心啊！"芙宁仙子连忙拦住她。

"菁菁，你是我最好的朋友，帮帮我吧！"红罂粟不住地央求。

"罂粟就会装可怜。如果你吻干她的眼泪，就会跌入无间地狱。"芙宁仙子一语道破。

"这么可怕？！"

"是啊。罂粟的眼泪令人成瘾，上一刻快乐至极，下一刻万箭穿心。"

菁菁连忙倒退了几步，原来植物家族也有这么险恶的成员。

"菁菁，我们去泽泻目和鸭跖草目吧。那儿有美味的芋头和慈姑、柔情似水的花蔺、洁白芬芳的杜若，有很多友善的植物……"

菁菁有些着急，夏天的植物那么繁盛，自己会游荡到什么时候？

她鼓起勇气说："芙宁姐姐，我来是为了金种子……"

菁菁说明了来意。芙宁仙子啊呀一声："金种子被我弄丢了。"

“什么,弄丢了?!”

“是这样的。我觉得每天带着金种子也不方便,就把它藏在一朵百合花的花心里。结果,那里不久就变成了一望无际的百合山谷,我再也找不到原来的那一朵了。”

菁菁着急地问:“那可怎么办?”

“找呀,总有一天会找到的。”

芙宁仙子把菁菁带到百合山谷,她们在每一朵百合花的花心里寻寻觅觅。

二十五、百合与星子

菁菁在百合花丛寻寻觅觅,百合花有纯白的、粉红的、橙黄的、淡紫的……它们的花瓣大而美丽,地下的鳞茎层层合抱,所以叫作百合。萱草、郁金香、风信子、玉簪、朱顶红、晚香玉、鸢尾花等也是百合目的成员,它们都有着漏斗形状的花儿。

菁菁在花丛中眼花缭乱,想问芙宁仙子记不记得原先那朵百合花的颜色。

菁菁转过身,却见芙宁仙子好像在和一个看不见的人儿说话。

语声依稀传来:“她还是个孩子……不过你说的对,要让她磨炼磨炼。”

接着芙宁仙子就不见了。

“芙宁姐姐! 芙宁姐姐!”菁菁连声呼唤,不相信一向热情洋溢的芙宁仙子会不辞而别。

可是芙宁仙子没有出现。

“菁菁,别担心。”白马说话了,“你已经能够听懂花儿的语言,为什么不向花儿求助呢?”

菁菁点点头，问："花儿啊，你们谁收藏了金种子？"

"在我这里，在我这里。"花儿们争先恐后地说。

菁菁打开它们的花苞，只看见金灿灿的花粉。

她灵机一动，金种子是会发光的，不如晚上再找吧。

夕阳西下，夜幕降临。深蓝色的夜空中缀满了繁星。繁星汇成了一条璀璨的银河，银河的两岸是更多的数不清的星星，装点着无比浩瀚的苍穹。每一朵花儿的花心都被星光照得亮晶晶的，花蕊顶端带着棱角的柱头，就像一颗落入凡间的星星。

"百合花啊，莫非你是调皮的星星变的？"菁菁实在太累了，就在花丛中睡着了。

从一朵最耀眼的百合花里，爬出了一颗调皮的金种子。

它来到菁菁的身边，小声说："老大、老二、老三、老四、老五、老六，你们上哪儿去啊？"

菁菁掌心的金种子七嘴八舌地回答："我们去菁菁的家乡。"

"为什么离开魔法森林？这里不是很好吗？"

"我们去了之后，那里也会成为魔法森林。""也许会变得更美。""那里不仅有植物，还有各种各样的人和动物，一定更加有趣……"金种子们满怀期待地说。

第七颗金种子想了想，说："我和你们一起去吧。"

它纵身一跃，钻进了菁菁的掌心。

菁菁醒来的时候，揉揉眼睛，发现掌心里多了一颗金种子。

最新加入的这颗金种子，还带着百合花的香气呢！

她不知道夜晚到底发生了什么，只顾向百合花道谢："谢谢你们把它交给我，我要让夏花开遍我家乡的山野，让美丽的百合花多得就像天上的繁星。"

被子植物

秋之淡远

二十六、秋日桔梗

菁菁骑着白马离开了百合山谷,这时秋风渐起,一片黄叶打着旋儿飘落在她的脚边。

“马儿,你猜下一位仙子什么时候到来?”

“她应该快到了,我好像听见她的环佩叮咚。”

菁菁侧耳聆听,果然有细小清脆的铃铛声,然而不是来自远方,来自自己的脚下。

原来,这是桔梗发出的声音,它那蓝色的小花,多么像一枚可爱的铃铛。

“桔梗妹妹,你知道此地的森林仙子是谁?现在何处?”

桔梗轻摇它的铃铛,发出清澈的响声:“秋天的仙子名叫白露,她住在秋林深处,开满木芙蓉花的地方。”

“我该怎样找到她?”

“她的住处偏僻幽静,道路崎岖。”桔梗想了想说,“让我们桔梗目的花儿一路为你摇响铃铛,用铃声为你指路吧。”

菁菁连声道谢。

果然,前方传来了悦耳的铃声,就像花儿发出了邀请。菁菁和白马跟随着声音,看见了一朵美丽的风铃草。桔梗家族的花儿们都有着铃铛或吊钟一样的花冠,它们此起彼伏,用声音为菁菁指路。

菁菁走上一条崎岖的山路,前面传来潺潺的水声,水声越来越宏伟,在山路的尽头,一座雄伟的瀑布出现在她的面前。银色的瀑布从高高的悬崖上飞泻下来,溅起珍珠般的浪花,在悬崖下分为两路,化作两条湍急的河流。

“这里就是百丈崖。”桔梗目的沙参对她说,“白露仙子的家在悬崖上。”

“悬崖高耸，瀑布湍急，我们怎么过去呢？”菁菁一筹莫展。

“别着急。我们桔梗目和龙胆目是近亲，我让最讲义气的龙胆大哥来帮你。”沙参摇响花铃，一根细长的草茎从瀑布上倒挂下来，草茎上开着蓝紫色的花。它虽然只是一茎细草，却极其坚韧，在水流中如游龙一般矫健。

“有什么事要我帮忙？”龙胆延伸到沙参面前。

“这是我的两位朋友，他们有要紧的事找白露仙子，请你帮他们越过瀑布。”沙参说。

“没问题。”龙胆很爽快地答应。它缠住了菁菁的腰，又在白马的腰上绕了两圈。

菁菁感到一阵头晕目眩，双脚已经离开地面，身体悬空在飞奔而下的瀑布之中！她紧张地闭上眼睛，任凭水声和风声从耳畔呼啸而过。

当风声停止，菁菁已经来到了悬崖之上。

龙胆把菁菁和白马轻轻放在上游水流的岸边，也不等菁菁道谢，就钻进草丛，再也看不见了。

“真是一位大侠啊！”菁菁感叹道。

白马抖动着满身的水珠，站起身来，默默守候在菁菁身旁。

二十七、红蓼滩头

菁菁举目四望，不见白露，却见水边有一大片盛开的红蓼。

红蓼茎部修长、高过人头，叶子薄而狭窄，花作穗状。三寸多长的花茎顶端开满淡红或深红色小花。它们若是缩小了看，很像美人头上的步摇。

“红蓼姐姐，你知道白露仙子住在哪里？”

红蓼摇晃着它的花儿,轻言细语地说:“白露仙子正在闭关,我劝你不要打扰她。她一向深居简出,住所周围都设置了结界,人类和动物无法进入。”

“我有要紧的事情找她。”菁菁央求说,“请你为我指一条路。”

红蓼随风摇曳了一阵,说:“你去找无患子目的大栾树吧,它见多识广,也许能够帮你。”

菁菁根据红蓼指引的方向找到了大栾树。大栾树上开满了小黄花。远远望去,就好像挂满了鲜艳的黄手帕。

“栾树伯伯,我是菁菁,我要寻找白露仙子,请你帮助我。”

“吾有大患,为吾有身;及吾无身,吾有何患……”大栾树似乎没有听见菁菁的请求。

菁菁不解地问:“您说什么?”

大栾树说:“是这样的,我正在参悟无患子家族中流传的一句箴言。”

“无患子,好陌生的名字,也挺独特的。”

“我们无患子目分为无患子科、槭树科、漆树科、芸香科、橄榄科、蒺藜科等15个科,其中有一些植物是人类非常熟悉的,如龙眼、杧果、柑橘、柠檬、橄榄等。它们各有各的美好之处,却推选了我作为家族的代表。我受宠若惊,深感惭愧。”

“栾树伯伯,我熟悉你,你也很好啊!你春季枝叶繁茂,叶片嫩红可爱;夏季黄花满树,金碧辉煌;秋来果实挂满枝头,如盏盏灯笼,绚丽多彩。”菁菁如数家珍地说。她小时候经常捡起栾树的灯笼果玩耍,很喜欢这种树。

“谢谢你的赞美。既然大家这么信任我,我就做好这个代表吧——只是不知道该做些什么?”

“我的家乡也有很多树木,可惜都枯萎了。请你帮助它们!”菁菁诉说了家乡的遭遇。

"我一定帮助你找到白露仙子。"大栾树很有信心地说,"她的住处离这儿不远,再走五里就到了,只是住处的周围都设置了结界。"

"那该怎么办呢?"

大栾树说:"我来给你做一身花衣吧,你穿上花衣,结界就辨认不出你是人类。"

大栾树抖落了满地金黄,小黄花密密麻麻,在地上铺了厚厚一层。

小黄花聚拢起来,就变成了一件轻盈的花衣。菁菁披上了花衣。地上还有很多花儿,又聚拢起来落到白马身上。

"栾树伯伯,真不知道怎么感谢您!"菁菁向大栾树深深鞠了一躬。

"不用谢,明年我还会开花。"大栾树又继续吟哦起来:"吾有大患,为吾有身;及吾无身,吾有何患……"

二十八、归隐沙漠的锦葵

菁菁和马儿来到一片木芙蓉的花林。

他们毫无障碍地通过了结界,连结界在哪里都没有感觉到。

这里生长着一树一树的木芙蓉。粉红的、雪白的木芙蓉花,花朵丰硕、明艳照人,把整个秋天都照亮了。忽然,木芙蓉变幻队形,齐刷刷站成两行,中间空出一条道路。道路的那一边,身着白衣的森林仙子款步走来。

"我叫白露,是秋天的仙子。"只见她眼波似水,秀发如云,真是一位绝美的仙子,只是眉宇之间有一股冷峻。

"我叫菁菁,我……"

"你的来意我已经知道了,你是来收集金种子的。"

"是木灵告诉你的?"

“是你的眼睛告诉我的。”

菁菁吐了吐舌头,面对这样一位明察秋毫的仙子,只有老老实实听话的份。

白露仙子说:“只要你顺利穿过秋日森林,金种子就是你的。”

“如何穿过秋日森林?”

“你来看。”

白露仙子带着菁菁来到自己居住的院落,那里有一片绿地,细看是各种繁花异卉。其中就有桔梗、龙胆、红蓼、栾树,只是它们变得很小,就像中了缩骨之术。

白露仙子说:“这是一片具体而微的秋日森林,里面有我掌管的桔梗、龙胆、蓼、无患子、锦葵、玄参、茜草、川续断、菊这九个目的植物。我用观微之术日日观照它们,就不用像别的仙子那样跑来跑去,风餐露宿。”

白露仙子伸出手指,指尖所指之处泛出光亮,光点移动成了一条亮线,那是菁菁来时的路。亮线继续延伸,那就是菁菁未来的旅程。

白露说:“你已经完成了一半的行程,看见了九个目中四个目的植物。接下来你将依次经过玄参、茜草、川续断和菊花的领地。待到菊花落尽,秋日的森林就到了尽头。”

菁菁边听边记,又问:“为什么没有锦葵?”

白露说:“木芙蓉来自锦葵家族。锦葵家族真正的代表——锦葵,你今天见不到了。”

“它在哪里?”

“它去了沙漠。”白露思恋地说,“锦葵花大艳丽,生机勃勃。有一天我跟它说,我们植物家族几乎覆盖了大地的每一寸肌肤,只有沙漠是一片死亡之海。就连石竹目的仙人掌也只能徘徊在沙漠的外围,没有任何植物敢深入沙漠的腹地。锦葵听了,就跃跃欲试。我劝它不要冒险,可是它执意要去,我只有答应了。”

“它在那里还好吗?”菁菁关切地问。

“我没有它的消息,也许它隐藏在很难发现的地方,也许已经遇难。”白露说着,施展法术,菁菁的眼前出现了一片浩瀚的沙海。

沙海里只有无边无际的黄沙,没有一丝生命的绿色。

“锦葵啊锦葵,但愿你还活着。”菁菁默默祈愿。

沙漠不知怎么出现了一朵乌云,乌云笼罩着沙海,化为一场急雨。锦葵的种子仿佛从沉睡中苏醒过来,飞快地钻出地面,以最快的速度生长开花,把沙漠装点成一片绚烂的花海。

菁菁遥望着沙漠花海,不禁热泪盈眶。

二十九、醉卧荚蒾

白露仙子为菁菁指明了道路,把她送出开满木芙蓉的居所。

菁菁和马儿一跨过结界,小黄花织就的衣服就凋谢了,细碎的花瓣融入泥土。

“菁菁,你一路上会遇见很多植物。记住,不要去惹川续断目忍冬科的荚蒾,看见它就躲得越远越好。”白露仙子叮嘱道。

菁菁点点头。

白露仙子的身影消失了。

菁菁骑着白马走了一阵,遇见了一棵桂花树。淡金色的花朵盛开在层层碧叶之中,散发出甜柔的香气。

“你好!远方的客人。我是玄参目木樨科的桂花树。”桂花树主动打招呼。

“你好!桂花树,我叫菁菁。”菁菁的家乡也有桂花树。每年桂花盛开的时候,正是中秋时节,家家户户在桂花树下赏月、吃月饼。菁菁想念家人，离家已经大半年了，父亲和母亲都好吗？

“菁菁，今天是中秋节，你对着碧空中的满月许一个心愿吧！”

“我想给家人报个平安，告诉他们我在魔法森林一切都好。”

“真是个懂事的孩子。”

桂花树抖落了一段花枝，花枝随风飘向遥远的天涯。

菁菁骑马又走了很久，月上中天，森林里偶尔传来秋虫的吟唱。

菁菁感到很累，依偎在马背上睡着了。梦里，她仿佛听见母亲的叮咛：“孩子，天凉了，要注意加衣……”

她醒来的时候，曙光初露，映照着她身上的一条红围巾。围巾柔软细滑，是用特殊的草叶织成，那温暖的砖红色令人感觉到一股暖流。

“这是怎么回事？”菁菁问。

“这是茜草送给你的礼物。”白马告诉她，“我们已经过了茜草的领地，好心的茜草见我们行色匆匆，特意赶来探视，还送给你这条围巾。”

“你为什么不叫醒我？我都没有说声谢谢。”

“茜草让你多睡一会儿。它还说，等你回家了，把这条围巾铺在地上，就会看见茜草的模样。”

菁菁和马儿继续赶路。

她遇见了川续断，这是一种人们用来接骨疗伤的植物。

她还遇见了川续断目忍冬科的荚蒾，这是一种高大的灌木，枝叶稠密，绣球般的白色花儿又香又美，花朵间点缀着几颗早熟的红果。

荚蒾散发着珍珠般迷人的光泽和甜蜜的香气，对菁菁说：“难道我不是秋天最迷人的花树吗？我有着精致典雅的琼花、碧玉雕琢的叶脉、红珊瑚一样莹润的果实。每当秋风萧瑟、群芳摇落之时，我们为秋林点燃了璀璨的色彩和欢乐的气氛。远方的客人啊——请你观赏我的花儿，品尝我的果实。”它的声音也流淌着蜜糖，菁菁有点魂不守舍。

白马连忙说：“不要招惹荚蒾，我们快点上路吧！”

荚蒾连连发出邀请，菁菁忍不住摘下一颗红珊瑚珠般的果实放入口中。

她的舌尖沾满了荚蒾果酸甜的汁水，顿时胃口大开，把花丛里的荚蒾果摘了个遍。

“原来荚蒾果这么好吃！”菁菁笑嘻嘻地说：“白露仙子不让我招惹荚蒾，八成是因为小气。”可是过不了一会儿，她觉得眼前的风景摇晃起来，接着就在荚蒾丛中酣睡过去。

三十、菊花令

白马衔着菁菁的衣襟把她拖到自己背上。

它驮着昏睡不醒的菁菁穿过荚蒾花丛，走进一片菊花海。

这里有各式各样的菊花：白色的瑶台玉凤、淡黄色的玉翎管、深红色的朱砂红霜、金黄色的天鹅舞、鲜翠欲滴的翡翠林、紫白相间的枫叶芦花、粉红卷曲的懒梳妆、银丝垂地的十丈珠帘、双面佳人的鸳鸯带、黑里透紫红的墨蟹、橙粉香艳的点绛唇、矜贵低调的泥金香……它们有着千变万化的风采和好听的名字。

白马让菁菁滑落下来，落在菊花丛里。菊花们好奇地打量着这两个不速之客。

白马说：“菁菁，快醒醒！我们已经到了菊花的领地，就要收获秋天的金种子！”

菁菁醒了，她挣扎着站起身，可是双脚不听使唤，走路踉踉跄跄，就像喝醉酒一般。

白露仙子飘飘然出现了。

“白露仙子，快救救菁菁！”白马央求道。

白露仙子平伸手掌，千万朵菊花把精华注入她的掌心，化作水晶珠一般晶莹剔透的甘露!

白露仙子让菁菁服下这颗甘露。菁菁不再眩晕,她的双脚重新有了力气。

"白露仙子,我后悔没有听你的话。"菁菁羞愧地说。

"你吃了尚未成熟的荚蒾果。"白露仙子冷冷地说,"我可以为你解毒。但你失信于我,不配得到金种子。"

菁菁羞愧地低下头。

白马说:"菁菁只有十六岁,难免会犯错误。请你再给她一次机会吧。"

菁菁说:"我今后一定会信守承诺的。"

白露仙子想了想,折下了一枝金黄色的菊花。

她从自己怀中取出金种子,放入菊花的花蕊。这朵菊花盛开的花瓣合拢起来,好像人握住拳头,把金种子紧紧握在里面。

白露仙子把菊花交给马儿,命令道:"你自去魔法森林的尽头等待,如果菁菁能够在那里和你汇合,你们就能平平安安地回家。否则,你们将和所有的金种子一起,永远留在魔法森林。"

白马衔住菊花,后退几步,又望了望菁菁,向前方疾驰而去。

白露仙子的身影消失了,千万朵菊花随着她的离去片片飘飞。

这时深秋已过,严酷的冬天即将来临。

被子植物

冬之神秘

三十一、冬日红树

菁菁独自走进冬天。这是一个银色的世界,到处白茫茫的,亮得耀眼。

下雪了么?菁菁深吸了一口气,并没有感觉到刺骨的寒冷。

她摸了摸银色的大地,又添了添自己的手指,惊讶地发现:竟然是咸的!

原来,这是一片盐湖。

湖中的盐分年复一年沉积下来,使整个湖滩都是白花花的盐的结晶,盐湖的周围寸草不生,湖水就像镜子一样倒映着天空,风景十分奇丽。

菁菁坐在湖边,身后传来一声威严的长啸。

她回头一看,只见一只斑斓猛虎从天而降!

菁菁握紧拳头,却听猛虎用富有磁性的嗓音说道:"我叫北岭,是寒冬的守卫者。"

"难道你也是森林仙子?"

"是啊,谁能够守护魔法森林,谁就会成为仙子。"

菁菁舒了一口气,魔法森林真是无奇不有,连猛虎都成了护花的天使。

她诉说了一路的经历,又问:"接下来我该去哪儿呢?"

"你将跟随我走过冬日开花的九个目的植物,然后抵达春天。"北岭说着,踏入盐湖。

盐湖很浅,湖水只淹没到菁菁的脚踝,湖面之下是厚厚的盐盖。一人一虎走在湖面上,倒影紧紧相随,也分不清哪一个是真身,哪一个是倒影;哪一个是天空,哪一个是湖水?他们走到湖心,这里的湖水淹没到菁菁的腰际,菁菁忽然发现湖水中生长着丝绒一般的植物。

“这是什么?”菁菁好奇地问。

“这是水鳖目的沉水植物,它们根茎叶都沉在水下,只有开花的时候才会偶尔露出水面。”

几朵玉石一样的小花浮在水面,看起来那么洁白美丽,丝毫不逊色于陆上的花儿。

再往前走,雪白的盐湖中出现了一片绿色森林,森林的树木浸没在水中,枝条伸出水面,托起一片绿油油的湖上绿洲。

北岭说:“这是红树,它们全年都在一边开花、一边结果。”

“红树——可是它们并不红啊!”菁菁觉得很奇怪。

“红树被砍伐之后才会泛红,那是因为红树体内含有一种叫作丹宁的物质,丹宁氧化之后变成红色。”

“丹宁有什么用呢?”

“丹宁能够将植物体内过多的盐分排出体外,为植物提供生长所需要的淡水。”

只听一声水响,一根小树枝从红树的枝头笔直地栽进盐湖中。

北岭说:“红树在生小宝宝呢!”

菁菁惊讶地问:“植物也能生宝宝?它们不是靠种子来发芽吗?”

北岭说:“有些植物的种子会先在母体上发芽,长成小树,然后再离开母体——这就是植物界的胎生。胎生的方式有助于种子在恶劣的环境下存活。”

“还有哪些植物会生宝宝?”

“秋茄树、木榄、红茄冬和桐花树,它们都来自红树目。其他目的植物偶尔也有胎生,只是没有红树目那么典型。”

菁菁点点头,原来世界上还有那么多奇特的、从来没有见过的植物。冬日的起点已经如此不同寻常,未来的路上又会发生什么?

三十二、山茶与彩虹

菁菁和北岭蹚过盐湖，来到一片草地。

初冬的阳光暖暖地照着，恍惚又回到了春天一般。草地中出现了星星点点的野花，它们的茎像油纸伞的伞骨一样向天撑开，平整的伞面上缀满了一簇簇小花。

“这是伞形目的胡萝卜、芹菜、芫荽、茴香、当归、川芎、明党参、积雪草、人参在欢迎我们呢！”北岭说。

伞形目的花伞大多是白色的，也有黄色、蓝色、紫色和红色的。千万朵小伞在阳光下舒展，景象非常壮观。菁菁认识不少伞形目的植物，她辨认着造型各异的花伞，就像看见了老朋友一样。

盐湖在阳光下蒸发着水分，水汽化作厚厚的云层，一阵北风吹过，伞形目的植物们纷纷收拢了花伞，不久，天空落下了大滴的雨珠。

雨过天晴时，阳光再次普照大地，天边出现了一道美丽的彩虹。

“真是难得一见的冬日彩虹！”菁菁向往地说，“我好想看看彩虹的那一端连着哪里。”

“我带你登上彩虹！”北岭说着，匍匐在地，让菁菁骑在它的背上，向着彩虹飞快地奔过去。

北岭像旋风一般奔跑，在彩虹飘散之前登上了彩虹！它身姿矫健，沿着弧形的彩虹跳跃上升，不一会就到了彩虹的顶端。可是彩虹摇摇欲坠，菁菁从高处向下看，只觉得心儿一阵阵狂跳。

一阵风过，彩虹将要离开地面！

北岭喊了一声：“抱紧我。”

菁菁抱住北岭，他们就像坐滑梯一样飞速下滑，终于在彩虹飘散之前平安着陆。

“好险啊！”菁菁擦了擦额头的汗珠。

她的眼前出现了一个崭新的世界。

这里的花儿有着丝绒般的光泽，每一朵花都有碗口那么大，花瓣如碗口般微微收拢，显得含蓄又端庄。北岭说："这是茶花，花色最繁，花开也最耐久。一棵树上的茶花起起落落，可以从十月一直开到来年的五月。"

"是我们喝茶的那种茶花吗？"

"人们喝的茶叶也来自山茶目，不过不是所有茶树的叶子都能用来制茶。"北岭指了指一棵茶树，它的绿叶很茂密，花儿比较瘦小，是专门用来制作茶叶的茶树。

北岭又指了指一棵茶树，说："这是油茶树，花朵洁白淡雅，树叶肥厚坚硬，果实可以榨油。"

一棵小树结满了毛茸茸的果实，剥开果实，里面是半透明的果肉，就像一块绿宝石！菁菁说："这不是猕猴桃吗？"

"是啊，它也来自山茶目。山茶目还有很多神奇的宝藏呢！"

菁菁在山茶花丛中寻找，不时会看见赏心悦目的花儿和奇异的果实。茶花即便凋谢了，也是端端正正地坐在地上，如静坐参禅一般，保留着优雅的姿态。而那些怒放着的茶花在阳光的照耀下闪烁着紫红与金黄、粉红和玉白……有时在一朵花上也有着不同的底色、跳色、渐变色，犹如调色盘一般。

美丽的茶花把春天带进了冬天，把彩虹留在了人间。

菁菁和北岭感受着冬日里温暖的阳光和绚丽的色彩，心中充满了宁静和喜悦。

三十三、百变荨麻

山茶园的尽头，弯弯曲曲的羊肠小径通向一片幽深的丛林。

菁菁被一片叶子拦住了去路,叶边长着锯齿、叶面长满细密的毛刺,就好像是武林中人的暗器一般。

“你好呀！菁菁。”叶子发出狡黠的声音。

“你是谁？怎么知道我的名字?”菁菁问。

“我叫荨麻,是荨麻家族的魔术师。对于一位魔术师来说,猜出对方的名字只是雕虫小技。”叶子说着,忽然摇身一变,开出一捧粉红色的小花,模样就像扑火的飞蛾。

“你还会什么魔术?”菁菁非常好奇。

“我会变成家族里的每一个成员。”话音未落,叶片变成白色,叶脉中伸出一根根柔韧的纤维,就像蚕丝一般缠住菁菁的手腕。它说:“瞧,我现在是苎麻,我可以织成人们在夏天穿的麻衣。”

菁菁鼓掌说:“好神奇!”

苎麻摇身一变,结满了累累的果实。它说:“我现在是大麻——你有没有闻见我有一股特殊的香味。”

菁菁凑近闻了闻,只觉得一阵心神荡漾,她连忙避开了。

大麻疯狂地生长,长成了一棵桑树,桑树说:“菁菁,你还记得自己小的时候坐在我的枝头荡秋千吗？我的树枝非常坚韧,就算再多几个菁菁坐在上面也不会断,就算断了树枝也连在一起,不会把你摔下来——因为荨麻目的植物都有着非常柔韧的纤维。”

菁菁想爬上桑树的枝头试试,可是桑树越长越高,树干变成雪白。北岭连忙拦住她:“这是荨麻目的见血封喉——世界上最毒的树,谁的伤口碰到它的汁液,就会当场毙命!”

见血封喉转眼又变成了无花果树,然后是榆树、榉树、朴树、构树、青檀、榕树……原来荨麻目有这么多千姿百态的植物啊!

“魔术师,你能教我变身吗?”菁菁异想天开地问。

“当然。你想变成什么?”

菁菁想了想，说："我想变成一朵花儿，这样我就可以体验一下开花的感觉了。"

"行。"

"等等，你别忘了把我变回来哦！"菁菁话音未落，就觉得自己的身体轻飘飘的，向无限高远的天际飘去。

她惊惶四顾，发现自己变成了一朵黄色的小花，开在很高的大树上。

荨麻家族的魔术师已经看不见了，还好，可以看见北岭。

"我变成了什么花？"菁菁大声问北岭。

"你变成了槟榔花。"北岭仰面回答。

难怪这么高！槟榔树的树干笔直，就像竹竿一样瘦长，树干没有分枝，只有顶端纷披着羽状的枝叶——有点儿像树蕨。槟榔目的棕榈树、蒲葵树、椰子树也都是这样的瘦高个。

菁菁深吸了一口气，从树心里传来一股甜蜜的汁液，她吮吸着树汁，欣赏着头顶的蓝天白云和脚下的无边大地，觉得作为一朵花的感觉也非常不错。

可是，该怎么变回来呢？一想到这个问题，菁菁就有点紧张了。

她大声喊道："北岭，我玩够了，我要怎么样变回来？"

"你跳下来。我接住你。"

"不行，这里太高了！"菁菁感到一阵眩晕。

"必须这样。"北岭说，"槟榔的冬花是不结果的，它会枯死在枝头，你就再也下不来了。"

菁菁更害怕了。她狠了狠心，挣脱了花梗，从树梢飘下来。飘啊飘啊，眼看就要被北风吹向远方，这时她听见了北岭的呼喊，她的身体复原了，重重地落在北岭的怀中。

三十四、雪夜蜡梅

寒冷的冬天开始下雪,雪花纷纷扬扬,覆盖在大地上。

道路变成白茫茫一片,树木都变成了银装素裹,看不真切。

菁菁和北岭迷路了,天色渐渐昏暗。

北岭说:“前面应该有一片香樟林,你在这里等我,我去探一下路。”

北岭走了,菁菁独自在雪地上发呆。她看到雪地里有一只蝴蝶,也在寒风中瑟瑟发抖,就跑过去说:“小蝴蝶啊,你就算不能去南方越冬,也该找一个避风的地方,露天里会冻坏的。”

蝴蝶扑动翅膀,气息微弱地说:“我不是蝴蝶,我是豆科植物的花朵。”

“你不怕冷吗?你的家在哪里?”

“我们豆类家族花开四季、绵延万里,而我选择了在最冷的冬季开花……因为……我听说……雪地上的月亮很美。”花儿断断续续地说。

“雪地上的月亮?”菁菁抬起头,只看见黑沉沉的天空和密集的雪花。

“天亮之前我就要凋谢了,我多想看一看雪地上的月亮。”花儿的声音低得快要听不见。

菁菁怜惜地为它挡住风雪,和它一起耐心地等啊、等啊。

终于,风雪停息了,厚厚的云层裂开,无比皎洁的月光从夜空中照耀下来。

多么美丽的月光!流动的光辉之中,森林是墨一般的浓黑,天空是玉一样的莹白,雪地仿佛是淡蓝色的琉璃,这三色衬成的雪夜充满了静穆和庄严。菁菁和花儿都沉默了,在宇宙的大美之中相对无言。

过了很久,花儿轻轻叹了一口气:“真美!我好幸运。”

说完它就凋谢了。

菁菁的泪水涌出了眼眶，在落下的那一瞬间化为冰晶。

“祝你好运，希望明年还能见到你。”菁菁默默地说。

她转过身去，可是双脚已经被冻得麻木，完全无法挪动！

菁菁用力提脚，依然纹丝不动，她感到一股刺骨的寒冷，就好像千万条雪蛇在噬咬她的身躯。

“我一定要坚持住，等到北岭回来救我。”菁菁大声对自己说。

寒毒在她的身体里一寸寸凝结，从双腿不断向上蔓延。

菁菁觉得自己就快被冻成石头了，她费力地呼吸，忽然闻到一股清香。

这是香樟树的香气？抑或是蜡梅的香气？菁菁努力地回忆着。对了，是蜡梅香，故乡的冬季曾开满了蜡梅花，飘着一阵阵的蜡梅香。故乡啊，久违了，多想把金种子带给你，多想再看看窗前的蜡梅花……菁菁的意识越来越模糊。

一声长啸惊醒了菁菁。

“菁菁，快到我的背上来。”北岭飞奔到她的身边。

菁菁用尽最后的力气，扑倒在北岭的背上，北岭背负着菁菁奔向月色下的香樟林。

三十五、报春花

北岭背负着菁菁闯入了香樟林，香樟家族的樟树、蜡梅、楠树、木姜子树、肉桂树都传来阵阵香气，默默地为菁菁加油。

“菁菁，再坚持一下！我们很快就到春天了。”北岭低声说。

长夜漫漫，菁菁的力气一点点流逝，生命一点点消失，她用嘶哑的嗓音说：“我不行了。北岭，请你把金种子交给我的马儿，让它带回我的家乡。”

“这件事没有人能代替你,你必须自己完成。”北岭用威严的声音说,加快了脚步。

不知道过了多久,一丝曙光从天边升起,东方露出了鱼肚白。

世界顿时又变得热闹起来,缤纷的色彩像花朵一样盛开。

北岭兴奋地说:“看,菁菁! 前面是报春花的仪仗队,它们是冬天的尾声,春天的序曲。看见报春花,春天马上就要到了!”

菁菁吃力地睁开眼睛,看见艳紫、橘红、洋红的报春花从手掌一般宽厚的绿叶中探出圆圆的脸庞,就好像一群天真无邪的儿童欢笑着招手。

春天就在眼前,可是,寒冰凝结到菁菁的嘴唇,她已经无法说话。

寒冰和春天顽强地拉锯,从菁菁的唇角爬上鼻翼,又跃上额头,严严实实地将她包裹。

“再见了,魔法森林。再见了,父老乡亲。”菁菁的眼帘慢慢关闭,深睡在拂面而来的春天里。

……

菁菁醒来的时候,已经是春暖花开的时节。

她的身边围绕着三个可爱的小家伙,一个长着孔雀的翅膀,一个长着青蛙的嘴巴,一个长着蜻蜓般的大眼睛。

“谢谢你们救了我。”菁菁感激地说。

他们七嘴八舌地回答:“不是我们,是木灵救了你。它用自己的身体治好了你的伤,并且找到我们来照顾你。”

“用自己的身体? 木灵还活着吗?”菁菁疑惑地问。

“放心吧! 木灵有很多个身体,它还能长出新的身体来。”

“北岭呢? 它在哪儿?”

“北岭不能离开冬季,它把你交给木灵之后,就离开了。”

“你们又是谁，是春天的仙子吗？”

“我们不是仙子，是自由自在的精灵。至于春天的三位仙子，我们也好久没有看见她们了。”精灵们面面相觑地说。

菁菁还有好多话儿想问，可是她觉得手心有点发烫，低头一看——原来冬天的金种子在她的掌心里跳动，就像新来的成员在打招呼一样。

菁菁笑了，她仿佛看见春天像一张葳蕤的绿毯，就在自己的脚下向前伸展。

被子植物

春之缤纷

三十六、初春兰草

菁菁问三位精灵:“我要去寻找春天的仙子,你们能和我一起去吗?”

青蛙说:“当然可以!我也很想念仙子们呢。”

孔雀说:“我可不去,我要去参加森林舞会,寻访最娇艳的花朵。”

蜻蜓说:“这也不矛盾啊。我们就跟着二十四番花信风,一路寻访盛开的花朵,这样既能看见春天的全貌,也一定会遇见春天的仙子。”

孔雀同意了,于是,他们四个人一起踏上了春天的旅程。

春风习习,他们不知不觉走进春兰的花海。淡绿色的兰花香气扑鼻,挺立在细长的绿叶之中,就像淡墨勾勒的国画。菁菁不由得夸赞:“兰花真是高洁淡雅,难怪人们用它来比喻君子。”

孔雀不以为然地说:“兰花可不是吃素的!它们经常玩恶作剧。”

蜻蜓也说:“可不是吗?我都被它们骗了好几次。”

这是怎么回事呢?青蛙耐心地做出了解释:原来,兰花是可以拟态的,所以有蝴蝶兰、蜜蜂兰、猴面兰这些著名的品种;兰花还可以模拟螳螂、蚜虫、狐狸、鸽子、章鱼……说到植物的拟态,没有哪种植物比兰花更惟妙惟肖。

菁菁好奇地问:“兰花为什么要拟态呢?”

蜻蜓说:“你有没有听说过好奇害死猫?好奇也害得昆虫白忙活,昆虫见了这些模样奇特的花儿,就会飞过去探个究竟。结果呢,它们的身上沾满了厚厚的花粉,成为兰花的免费传粉工具。”

孔雀补充说:“兰花家族也因此变得特别繁盛,有素心兰、鸢尾兰、万代兰、石斛兰、班叶兰、建兰、蕙兰、墨兰、兜兰等两万多个品种,简直是植物界的超级舰队。”

一阵香风袭来,牵引着菁菁和小伙伴们向春天进发,走了不远又看见了一树美丽的白花。

菁菁说:“我认识——这是兰花家族的玉兰树。”

蜻蜓点头又摇头:“它确实是玉兰树,可是它不属于兰花家族,而是属于木兰家族。起名字嘛,只要长得像就可以了,但是要说到亲缘关系,那就得看它们的种子。”

菁菁问:“它们的种子有什么不同?”

蜻蜓说:“木兰家族的种子发芽的时候有两片子叶,兰花家族的种子发芽的时候只有一片子叶。”

富有学识的青蛙先生给菁菁细说了原委。原来,被子植物可以划分为两大族群——双子叶植物和单子叶植物,双子叶植物出现较早,常见的有大豆、花生、苹果、菊花、棉花、向日葵等,其中最繁盛的家族是菊花;单子叶植物出现较晚,常见的有小麦、水稻、玉米、美人蕉、兰花等,其中最繁盛的家族是兰花。

菁菁不知道是单子叶好还是双子叶好,也许它们各有各的妙处吧?这时木兰家族的紫玉兰、广玉兰、白兰花、含笑花、木莲、厚朴、鹅掌楸都在迎风招展,仿佛在说:“菁菁啊菁菁,忘了那些名字和知识吧,名字只是一个称呼,知识也只是碎片,真正的我们是需要你用眼睛和心灵来认识的。”

三十七、杨柳依依

一阵春风吹过,大地泛起了绿波;一场春雨洒落,树木穿上了新衣。

早春时节最美丽的就属柳树的新衣了,绿柳才黄半未匀,那鲜嫩的颜色只有上乘的玉石可以比拟。

孔雀指着柳树说:“你看,柔荑花序。”

多好听的名字,菁菁抬头一看,只看柳树上开着一串串嫩黄色的花儿,因为颜色和树叶相近,不仔细看很难觉察。这些花儿有点像毛毛虫,又像美人柔若无骨的手指。

"为什么叫花序?"菁菁觉得这个词很有趣。

"多数植物的花不是一朵一朵的,而是沿着花轴有顺序地排列,比如穗状花序、伞形花序、圆锥花序、总状花序、头状花序……那种一朵一朵的就称为单生花。"孔雀滔滔不绝地讲解。

原来花儿也会排着长队,次第盛开,难怪一株植物上的花儿虽多,各得其所,从来不会显得凌乱。

菁菁又念了一遍:"柔荑花序——这个名字真好,和柳树也很相配呢!"

蜻蜓说:"我可不喜欢它们,到了暮春会结出蒴果,释放出带着细小柔毛的种子,害得我全身发痒。"

青蛙说:"我喜欢,柳絮飘飞的时候就像下雪一样,别有一番美感呢。"

孔雀精灵摇头晃脑地吟起诗来:"长安陌上无穷树,唯有垂杨管别离。"

菁菁问:"明明在议论柳树,怎么提起垂杨?"

孔雀说:"垂杨就是柳树啊,杨柳杨柳,杨树和柳树本来就是近亲,它们珠联璧合,组成了杨柳目。"

挺拔高大的杨树是怎么和窈窕动人的柳树结盟的呢?也许因为它们都有着秀长的柔荑花序,它们的飞絮都在暮春时节追逐飞舞,仿佛依依不舍地互诉衷肠。

菁菁有一点伤感,美好的事物总是那么短暂,就像春天总是匆匆而过,无法挽留。这时有一滴泪水落到她的脸上,她问孔雀:"你哭了么?"

“不是我，是白桦树。”

不远处有一棵高大的白桦树，树干上长有一只又一只硕大的眼睛，正流着晶莹的泪水。

“白桦树，你为什么哭呀？”菁菁问。

“我受伤了，用自己的泪水来疗伤。”白桦树缓缓说道。

“你也会受伤吗？”菁菁以为只有人这样脆弱的生物会受伤。

“当然，虫蚁鸟兽、风雨雷电都可以令我们受伤，但是我们会自己疗伤。”白桦树淡然地回应。

蜻蜓在菁菁耳边说：“很多树都可以分泌汁液疗伤，比如桃树、松树、橡胶树、龙血树……别以为长成参天大树是容易的事，一生不知要遇见多少波折呢！”

菁菁摸了摸白桦树的伤口，问：“需要我为你做点什么吗？”

“不用了，我的伤很快就要好了。”它停了一会儿，又充满期待地说，“拜托你向我的壳斗目家族的兄弟们问安，就是板栗树、山毛榉、橡树和榛树它们。告诉它们我很好，很快我就要开花，然后长出刺猬一样毛茸茸的果实，每一个果实里面有两三个孩子。我用我的软猬甲——哦，我的壳斗紧紧地包裹它们，这样它们就不会到处乱跑，就会乖乖地等到秋天，再离开家去闯荡天涯。”

白桦树又开始流泪了，不过那是喜悦的泪水，菁菁偷偷尝了一下，竟然是甜的呢。

三十八、鼠李非李

菁菁走过一片草地，忽然感到脚踝处一阵疼痛。

她低下头，只见脚踝扎着一根木刺。

身边的一棵小树发出呻吟：“哎呀！我的指甲被踢断了！”

菁菁有点生气,心想:“明明是我受伤,怎么你来喊疼呢?”可是她再一想,小树长得好好的,又没有招惹谁,是自己从这儿经过,打扰了小树的安宁。

于是她忍痛把木刺拔下来,安放在小树的树枝上。

小树神气地挥舞着它的刺,好像这是一件很厉害的兵器。

“你叫什么名字?”菁菁觉得这颗小树也挺可爱。

“我的名字叫鼠李,是鼠李家族的领袖哦!”小树毫不示弱地回答。

“这么说,你是一种小李子?”菁菁开玩笑地问。

“鼠李可不是李子,我的本事比李子大多了!”

“你有什么本事呢?”

“我的本事就是——多毛多刺,苦不堪言。这样就没有人敢欺负我了!”

菁菁忍不住笑了,看来也不是所有的植物都愿意牺牲自己,为人和动物贡献营养的。她说:“好吧,今后我见了你们家族的成员,一定退避三舍,绝不侵犯。”

“真的吗?我们家族有两位成员,那可是人类最喜欢的水果呢!”

“什么水果?”

“枣子——它长着和我一样的刺,有的味甜,有的味酸。”

菁菁想了想说:“我不打枣子,假如枣子熟透落到树下了,我还是会吃的。”

“葡萄——它的刺变成了蜷曲的须,滋味酸甜,还可以酿酒。”

菁菁有点按捺不住了,这么好吃的水果竟然也出自名不见经传的鼠李家族。这时好心的青蛙先生来帮她解围:“鼠李啊鼠李,你真是鼠目寸光!如果不被吃掉,谁会把你的种子带到远方?你看红枣和葡萄多么大方,它们的子孙又是多么昌盛。”

鼠李挥舞着它的刺,说:“我的地盘我做主。如果你敢吃掉我,一定让你知道厉害!”

菁菁连忙拉着青蛙走开了。

他们又遇见了一棵绿叶婆娑的树,它正在开花,圆球形的花苞里面满是金黄色花蕊。

菁菁问:“这又是什么植物?”

蜻蜓姑娘说:“这是五桠果,也叫第伦桃。”

菁菁说:“既然鼠李不是李,第伦桃也不是桃吧?”

蜻蜓说:“猜对了!第伦桃是五桠果目的代表。五桠果目的植物有五个花瓣、五个花萼,长出的果实有五片厚厚的包叶,可以像蔬菜一样煮熟吃。”

菁菁好奇又遗憾:“这么神奇的果实,我从来没有听说过。”

这时五桠果树慢条斯理地说话了:“我们五桠果家族世代单传,人丁不旺,就是因为果实的滋味太酸涩了。请你把我们煮熟之后做成果酱,多加些糖,味道也很独特。不过煮熟之前一定要去掉果核,那里面有我们珍贵的种子。请你把它种在炎热潮湿的地方,让它沐浴艳阳、获得新生。”

三十九、香唇轻启

菁菁一行继续跟着春风旅行。

孔雀精灵忽然闭上眼睛,说:“不用看我都知道,前方一定是唇形目的领地。”

菁菁刚想问什么是唇形目,鼻梢嗅到一股浓郁的香气,带着她的思路也转了一个弯,问道:“这是什么花香?”

孔雀说:“这是数不清的花香,我给你细细道来。前调是薄荷、留兰香、香青兰、夏枯草的清爽气息,中调有百里香、薰衣草、罗勒、迷迭香的沁人心脾,尾调有藿香、香薷、马鞭草的回味悠长。”

菁菁点点头:“原来有这么多的花草香,怪不得这么好闻。”

蜻蜓姑娘也称赞说:“植物界有不少的制香高手,然而唇形目家族几乎个个都是制香大师,它们为春天增加了无穷的魅力。”

这时一朵小花发出了回应:“我是唇形目的夏枯草,我的生命只有短短的三个月,可是每一天对我来说都无限美好,教我怎能不忘情地撒播芳菲?”它的粉紫色花瓣一开一合,就好像嘴唇在说话,花瓣中央微微的缺刻,恰似美人的两道唇峰相连。

唇形目的植物们同声赞美春天,一阵阵香气从它们的花瓣上、叶子上飘散出来。香风在空气中弥散,令菁菁有说不出的欢畅舒适。

忽然,菁菁毫无征兆地痛哭起来。

青蛙说:“你一定是闻到了鼠尾草的花香,它能让你所有的烦恼化作眼泪流走。”

果然,菁菁哭完之后,心情就像泉水洗过一样干净,只觉得世间万物焕发光彩,活着真是无比美好。

菁菁带着满身花香走过一株又一株唇形目的花草,她真想在这个芳香四溢的地方多停留一阵,可是肩负的使命让她不得不加快了脚步。

不久,他们来到了杜仲目。

孔雀精灵嗤笑说:“杜仲是个光棍汉,它的家族里只有一科、一属、一种,那就是杜仲。”

菁菁说:“听名字,像个老实的庄稼汉。”

孔雀说:“它还是一个痴心汉呢!去年我随口说要为它的家族写一首赞颂之诗,可惜找不到合适的纸。杜仲二话没说从自己身上揭下一块树皮,树皮掰开有一张又薄又韧的纸,怎么也扯不断。我只好绞尽脑汁,在这张纸上写了一首。”

青蛙和蜻蜓异口同声地问:"你怎么写的?"

孔雀清了清嗓子,吟诵起来:"杜仲杜仲排第二,试问有谁排第一?不如我来当哥哥,为你壮胆又撑腰。"

青蛙和蜻蜓都笑痛了肚子。

忽然,前方火光冲天,像晚霞一样映红了天际。他们迫不及待地向着着火的地方赶去。

四十、杜鹃山火

菁菁一行赶到了着火的地点,才发现原来不是大火,而是漫山遍野的杜鹃花。

杜鹃花开得烈烈腾腾,就像火焰一样激情燃烧。它的花瓣上有斑斑点点的"血痕",传说那是杜鹃啼血留下的印迹,其实是花儿们为了吸引昆虫传粉而涂抹的胭脂。

孔雀在花丛中翩翩起舞,杜鹃花也迎风摇摆,似乎在为它伴舞。他们优美的舞姿引来菁菁、蜻蜓和青蛙的阵阵掌声。

太阳快落山了,杜鹃花的颜色转变成深深的酡红,就要融化在晚霞之中。

蜻蜓姑娘说:"我们走吧,在天黑之前找一处草堂安睡。"

孔雀意犹未尽地在花间踟蹰,说:"我要留在这里,我还要访问杜鹃花目的闹羊花、鹿蹄草、吊钟花、南烛、白珠树、乌饭树……我和杜鹃家族特别有缘。"

蜻蜓问:"为什么特别有缘?"

"我是孔雀,它是杜鹃嘛!"

"原来如此。那好吧,你留在这里。我们在什么地方再会?"

孔雀想了想说:"我们在牡丹花下相会。牡丹被称为花中魁首,我要和它比比,到底是它美还是我美?!"

孔雀向着山顶飞去。

菁菁和蜻蜓、青蛙在暮色苍茫中告别了杜鹃山。

黎明的时候,桃金娘目的使君子发出热情的邀请:"我们家族今天有喜事,大伙一起来参加!"

菁菁忙问:"什么喜事啊?"

使君子说:"桃金娘就要出嫁了,婚礼马上就要开始!"

"婚礼在哪儿举行?"

"跟着那春风!跟着那春风!他会一路带你到婚礼的现场。"

菁菁、蜻蜓和青蛙一路追赶着春风。他们真的遇见了一位新娘,只见她满头的金饰,酷似一朵朵金色的桃花!花蕊又密又长,像睫毛一样忽闪忽闪。

菁菁问:"桃金娘,你要嫁给谁啊?"

桃金娘害羞地说:"我要嫁给春风,他让我盛开在这仲春之期,伫立在整个春天的心脏。"

菁菁有些担心地说:"可是,春风来去无踪,你怎能留住他的脚步?"

桃金娘的花蕊轻轻摇摆,坦然地说:"我愿为春风盛开,也愿随春风归去,我不怕日晒雨淋,愿春风永驻我心。"

桃金娘的身边簇拥着很多伴娘,有香艳浓郁的瑞香,摇曳多姿的菱角、猩红热烈的石榴、纯白如雪的白千层……它们簇拥着家族中最娇艳的美人,分享着她的喜悦。

四十一、麦田飞针

菁菁还沉浸在婚礼的气氛之中,蜻蜓姑娘忽然惊叫了一声:"糟糕，莎草目的植物正在开花，我们就要错过花期了！”

她说完就展开透明的双翼，向远方飞去，菁菁和青蛙一路追赶。

他们来到一片广阔的麦田，麦田的绿浪翻滚，很像菁菁的故乡！

蜻蜓收拢了双翼坐在田埂上，说：“小声点，不要惊扰了小麦开花。”

小麦也会开花吗？菁菁常在麦田里劳作，却不曾见过小麦的花。

菁菁睁大双眼，终于看见细如针尖的小麦花苞，是很淡的奶油色，在每一节麦穗上点缀着几粒。

菁菁屏住呼吸，生怕呼吸的力气重了，会吹散这些花苞。四周的安静之中，只听“嗤”的一声，就好像绣花针穿过绷紧的丝绸发出的轻响，一朵花苞就这样突然打开了。紧接着又是一朵。整个麦田里就好像有看不见的针线来回穿梭，细致的小麦花一朵朵浮现，给青翠的麦田洒上星星点点的奶油色。

时钟滴滴答答地转动，菁菁还来不及看清楚花儿的真容，小麦花就凋谢了。

人们常说昙花一现，可是小麦花凋谢的速度远甚昙花，是世界上最倏忽即逝的花儿。

蜻蜓闭上眼睛，说了一声：“谢天谢地！”

菁菁问：“你说什么？”

蜻蜓说：“谢谢老天这几分钟没有下雨，这几分钟对于小麦是至关重要的。”

菁菁问：“你这么心疼小麦，是关心农事吗？”

蜻蜓说：“我小时候出生在水田里的，和禾本科很有感情。莎草目的禾本科也是人类最亲密的伙伴，大米、小米、薏米、玉米、大麦、小麦、燕麦、高粱都出自这里。”

青蛙先生补充说：“当然，莎草目也出各种杂草，比如莎草。它在人类的眼中毫无用处,但也是植物大家族中当之无愧的一员。”

菁菁眺望麦田,眼前仿佛出现一片丰收的景象,父亲和母亲在麦田里收割庄稼。哎!春已过半,为什么春天的仙子还不出现?

蜻蜓仿佛看懂了她的心事,说:“我们去天南星目探问春之仙子的行踪吧!”

他们来到天南星目,遇见了掌门大师天南星。

天南星有一根粗壮的花蕊,就像供奉在佛前的蜡烛,上面密密地开满了花。它没有花瓣,只长着一片苞叶,像浑然一体的袈裟,又像烛台上的火焰,就叫作佛焰苞。

青蛙先生行了一礼,说:“大师,您近日可曾看见春之仙子?”

天南星摇了摇头。

“您可知她们现在何处?”

天南星的苞叶发出光芒,就好像大师在运气发功,过了一会儿,它说:“西行百里有杀气,再行十里有妖气,杀气妖气散尽时,春之仙子方可寻。”

“多谢大师指点。”青蛙先生深鞠一躬,倒退着走出天南星的道场。

菁菁半信半疑地问:“天南星说的是真的吗?”

青蛙说:“我也不知道,反正我们是要跟着春风走的,一路赶去就是。”

他们怀着紧张的心情离开了这里,一路上游又遇见了天南星目的马蹄莲、菖蒲、魔芋、红掌、白掌、龟背竹……它们都身披佛焰苞,沉吟不语,仿佛在各自默默地修行。

天南星家族喜欢生活在水边。此刻,水中还有一群植物正眼巴巴看着菁菁离去的背影。它们是茨藻目的水雍、水麦冬和眼子菜。由于常年生活在水下,它们的模样看起来像藻类,却是货真价实的显花植物。眼子菜努力把花梗托出水面,一长串绿色小花就像一千只小眼睛向着菁菁深情地凝望。可惜呀！菁菁只投过来匆匆一瞥，就急急忙忙地继续追赶春天的脚步。

四十二、胡桃的狂欢节

菁菁一行往西走了没多远，青蛙先生忽然叫道："有杀气！"

"在哪儿?!"菁菁吓了一跳。

"在我的脚下。好像有地雷，一个接一个地爆炸。"青蛙说。

菁菁低头一看，什么都没有啊！

这时一棵小芽从地里钻了出来，一边钻，一边笑得前俯后仰。

"你是谁，在笑什么?"菁菁问。

"哈哈，我是胡桃目的小胡桃，今天是我第一次见世面，我能不高兴吗?"

"你在地下很久了?"

"我被埋在地下，看不见太阳，也看不见月亮，不知道过了多少时间。我的壳很硬很硬，怎么也冲不出去，真是好难过啊！可是难过有什么用呢？终于有一天我想通了，和地下的兄弟姐妹们轮流讲笑话，然后一起放声大笑！笑着笑着，我觉得全身充满了无穷的力量，然后就一拳把硬壳打破了！"小芽说完又大笑起来。

菁菁也忍不住大笑起来，真的呢，她感觉到全身充满了力量！

笑过之后，菁菁、青蛙和蜻蜓满腔热情地出发了。

他们遇见了春天绚丽的霓裳，那国色天香的牡丹花魁。

牡丹花花大如斗，雍容华贵，每一朵都仪态万千，恍若天人。

孔雀精灵正在牡丹花丛中来回转悠，自言自语地说："论颜色，我的羽毛流光溢彩，牡丹的花瓣灿若云霓，就算打个平手；论香气，牡丹有一股醇和的药香，这一点我自愧不如；论姿态，我可以变幻造型、千姿百态，牡丹虽然有万种风姿，却是静止不动的……我和牡丹花到底谁美呢？还是得请春天的仙子做个评判。”

菁菁说：“我来评判吧！”

孔雀点点头：“你们来了，那正好，快来给我做个评判。”

菁菁站在牡丹花前，问：“牡丹花啊，你说你们家族中谁最美？”

牡丹花从容地说：“我们家族中的毛茛最美。”

毛茛是一种路边的野花，花并不大，颜色也不娇艳，在常人的眼中很是普通。

菁菁问：“为什么是毛茛最美呢？”

牡丹花说：“很久以前，春之仙子到我们家族游玩，看见我们家族的植物色彩暗淡，就送来了一匹云锦。这匹云锦五光十色，十分华丽，我们家族的每一位成员都想把它裁作自己的花衣。大家你争我夺，都快把这匹云锦撕碎了。这时毛茛主动退让出来，不仅如此，它还脱下自己的花衣，奉献给家族中最弱小的成员。大家见了，纷纷效法毛茛，并且推选毛茛做了我们家族的代表。可是云锦还在那儿，大伙谁也不穿，不是浪费了吗？最后毛茛目就用抽签的方式决定了云锦的归属，而我就是那个幸运的花儿。”

听完这个故事，孔雀羞愧地低下了头，再也不提比美的事了。

他们辞别了牡丹花魁，继续寻找春之仙子的芳踪。

四十三、石竹花会

仲春将尽，风儿就像一把剪刀，剪碎了浓桃艳李，化作片片落红。

可是对于某些花卉，春风似乎格外留情，只修剪它们的衣裙，不教它们离开枝丫。比如——金缕梅。

金缕梅的花瓣有些像蜡梅，却是一丝丝的，如同散开的流苏。它开花的时候，和蜡梅一样没有一片绿叶衬托，然而比蜡梅更亮，就像黄金的丝带在枝头闪耀。

菁菁问："金缕梅，你可知春之仙子在何处？"

金缕梅说："我没有见到仙子，我帮你问问我们家族的连香树。"它抖动着金色的丝带，就像使用一种手语和远处的树木交谈。

过了一会儿，它说："连香树也没有见到春之仙子，它帮你问问我们家族的悬铃木。"

过了一会儿，它又说："悬铃木也没有见到春之仙子，它帮你问问我们家族的红花檵木。"

金缕梅家族可真是古道热肠，它们不断地用丝带传递着花语，帮助菁菁打听春之仙子的消息。

终于，传来了令人振奋的消息，春之仙子到过石竹目，还给石竹目的植物们送去了很多的蕾丝。

菁菁一行急忙赶往石竹目。

石竹目是一个大家族，拥有石竹、商陆、紫茉莉、仙人掌、马齿苋、落葵、粟米草等12个科，数百个属，上万个种。其中人们最熟悉的康乃馨，又叫香石竹，传递着爱、魅力和尊敬的花语。

五颜六色的石竹花济济一堂，互相修剪着花瓣。花瓣剪好之后，再镶上精致的、波浪一般的蕾丝，显得格外精美。它们用的针线，是仙人掌从遥远的沙漠寄来的。

菁菁问："石竹花啊，你们看见了春之仙子了吗？"

一朵大红色的石竹花说："春之仙子来过这里。她们说，今年的花会在我们石竹目举行，到时候所有的春花家族都会派代表来参加。所以我们要勤做手工，把石竹目装点得漂漂亮亮的。"

"那是什么时候的事？"

"去年秋天。"

“春之仙子没有再来?”

“没有。约定的日期到了，春之仙子还没有来，我们也很着急呢!”

青蛙先生跺了跺脚：“春之仙子一向守时守信，如果她们到了时间还不来，一定是发生什么事了!”

菁菁紧锁眉头。

蜻蜓姑娘安慰她说：“不要急，春之仙子三人同行，相互照应，不会有什么闪失。”

他们继续赶路，石竹花们继续做着手工，它们相信春之仙子一定会来，花会也一定会举行。

四十四、暮春之戟

菁菁他们一路西行，来到了昆栏树家族居住的山岭。

往年这个时候，昆栏树和它的伙伴们都在开花，花蕊中盛满了蜜露，香飘十里。可是今年，昆栏树没精打采地低垂着头，它的伙伴们也病恹恹的。

菁菁问：“这里发生了什么?”

昆栏树说：“我们昆栏树家族的蜜露特别香甜，也特别招惹白蚁。好在春之仙子一直照顾我们，每年春天都来为我们驱赶白蚁。可是今年，春之仙子没有来，白蚁就在我的脚下安了家。”

菁菁看着昆栏树的树根，果然密密麻麻地爬满了白蚁。

她用手去捉，可是白蚁太多了，捉了一只又一只，有的甚至狠狠咬她一口。

蜻蜓说：“不能这样，我们要到大戟目借几件兵器。”

他们来到了大戟目。

大戟——正如其名，生得威武雄壮，就像士兵手中的长戟。菁菁用力拔出一支大戟，大戟离地而起，断口处散发出辛辣的气味。

孔雀精灵爱惜羽毛，用大戟目的油桐树叶、橡胶树叶和乌桕树叶编织了一副盔甲，用来抵挡白蚁的叮咬。

青蛙用大戟目的蓖麻果做成一对流星锤，舞动起来虎虎生风。

蜻蜓找到了大戟目的木薯，细心地磨成木薯粉。

他们带上各自的法宝，回到昆栏树下。

蜻蜓四处抛洒木薯粉，白蚁闻见木薯的香气，纷纷跑出来争食。菁菁挥舞着大戟、孔雀用他的利爪、青蛙挥舞着流星锤冲上去一顿痛打，白蚁们溃不成军，伤亡惨重。

一些白蚁逃回了洞穴，蜻蜓说："它们吃了生的木薯粉，要不了多久就会上吐下泻。"

孔雀高亢地叫了几声，这是给穿山甲、针鼹、犰狳、食蚁兽发信号，它们很快就会赶过来消灭整座山上的白蚁。

菁菁一行带着胜利的喜悦告辞了。临别之际，她拥抱了昆栏树，绿手指在树干上抚过之处传递出新生的能量，昆栏树被白蚁啃噬的伤口纷纷愈合。

昆栏树挥动菱形的叶片，频频致谢。就在菁菁他们走后不久，昆栏树开出了一朵新鲜的花儿。这是一朵多么特别的花儿啊，没有花瓣，满是金黄色的花蕊，看起来并不美，可是它的香气真是又香又甜，惹得菁菁频频回顾。

四十五、柿子树下的雕像

夜幕低垂，菁菁来到了一座迷雾笼罩的庄园。

青蛙先生压低了嗓门说："这里是曼陀山庄，大家小声点。"

孔雀和蜻蜓都警惕起来。

菁菁小声问:“谁是这儿的主人?”

青蛙说:“山庄的主人是曼陀罗花,它是茄目的植物,性格非常诡异。”

孔雀说:“茄目的植物都很诡异——烟草、颠茄、龙葵、莨菪、辣椒——不是使人迷幻,就是令人上瘾。”

菁菁吐了吐舌头:“这么说,茄子也有毒?”

孔雀说:“茄子也有小毒,不能生吃,煮熟就没事了。”

也许孔雀的声音大了一点,一朵曼陀罗花摇响了警铃,曼陀罗花们纷纷从花蕊中伸出细丝,发出嘶嘶的声音,就像毒蛇吐着信子。

菁菁连忙屏住呼吸,曼陀罗花搜索了一阵子,把细丝收了回去。

菁菁蹑手蹑脚地向前走,透过朦胧的月色和迷雾的轻纱,她看见了一朵曼妙无比的曼陀罗花!

它长着纤细修长的花蕊,根根上翘,花瓣反卷,颜色猩红。

一个富有磁性的声音在菁菁耳边响起:“红色曼陀罗梵语曼珠沙华,又称彼岸花。每逢夙夜之交,彼岸花盛开,能够带人穿越阴阳两界……菁菁,你不是想回家吗?我现在就带你回家。”

菁菁的眼前出现了幻觉,她看见爸爸妈妈都站在老槐树下微笑招手,情不自禁地伸出手去。

孔雀一把抓住菁菁飞了起来,蜻蜓和青蛙紧随其后,曼陀山庄的花儿们伸出藤蔓如魔爪一般紧追不舍。他们夺命狂奔,一直到精疲力尽才摆脱追赶,狼狈不堪地互相依偎睡着了。

清晨,阳光照耀树林,菁菁苏醒过来。

这是到了哪儿?为什么层林尽染,果实挂满了枝头?难道是回到了秋天,难道又出现了幻觉?

蜻蜓姑娘忽然惊喜地说:“快看!春之仙子!”

只见远处一棵柿子树下,三位美丽的少女相拥起舞,优美的身姿令人着迷。

菁菁连忙奔了过去，奇怪的是跑近一看，春之仙子们保持着起舞的姿势一动不动，像是石像一般。

蜻蜓困惑地说："这棵柿子树正在花期，却挂满了去年深秋的果实，时光好像停止了……"

菁菁这才发现，一位春之仙子的手里举着一面镜子，另外二位仙子也朝着镜子里张望，面带神秘的微笑。

菁菁好奇地看了看镜子，只觉得一股刺骨的寒意，她忽然感到非常眼熟，那淡蓝的荧光、微微的幻彩，多么像极光洒落的冰湖？

菁菁的手颤抖起来，手心发烫。那是八颗金种子在齐心协力地收集阳光。

阳光在菁菁的掌心汇聚，亮得菁菁睁不开眼，她用双手捧住厚重的阳光，全部倾倒在冰镜上。

金光迸射，白烟窜起。

菁菁的额头冒出细密的汗珠，发丝都汗湿了。

"噌"的一声，冰镜裂开，魔法随之消失，三位春之仙子的肌肤泛起了血色。不多久，她们的手脚就可以活动了，接二连三地苏醒过来。

四十六、白花菜

柿子树下爆发出一阵欢呼，菁菁、精灵和仙子们拥抱在一起。

待他们从喜悦中安静下来，一位青衣仙子对菁菁说："谢谢你救了我们，我们该怎么感谢你？"

"我需要春天的金种子。"

"好。"

青衣仙子吹响了一管银笛，从地里钻出了一株白花菜。这是菁菁家乡的野菜啊,只见它一本正经地对青衣仙子说:"仙子有何吩咐?白花菜家族在此待命。"

"白花菜,把你家族的成员都唤过来,为菁菁献上一颗金种子。"

白花菜挥动旌旗,白花菜家族的种子纷纷从地里钻了出来,变成了小苗,转眼又长出了绿叶,菁菁认得它们——大白菜、小白菜、油菜、芜菁、芥蓝、甘蓝、白萝卜、花椰菜、荠菜、菜薹……人们日常吃的蔬菜,多半出自白花菜家族的十字花科。

青衣仙子挥了挥手,这些蔬菜聚拢到一起,变成了一颗金种子。

青衣仙子把金种子交到菁菁的掌心,菁菁欢喜地收下了,她仿佛看见家乡的菜园里生机勃勃,一片富饶景象。

青衣仙子对另外两位仙子说:"你们也把金种子送给菁菁吧。"

两位仙子互望了一眼,紫衣仙子说:"我们的法术没有你高明,我们将金种子装在堇菜家族的宝葫芦里,送到洞府,由卫矛家族看管。"

"那么,我们速去洞府。"

仙子们带着菁菁和精灵们来到洞府,石洞前长满了灌木,灌木的枝条夹棱带刺,树叶长着锯齿和尖锋——它的名字就是卫矛。

"卫矛将军,请打开石洞,让我们进去。"紫衣仙子说。

卫矛顺从地点点头,向两边退缩,石洞打开了。

仙子们带着众人刚走进去,石洞顶上垂下一条雷公藤,挡住了他们的去路。

雷公藤大声吆喝:"呔,何人敢闯此洞!"

紫衣仙子说:"雷公藤,你不认识我么?"

雷公藤说:"仙子,你曾亲口对我说,要我们卫矛家族严守此洞,谁都不能进去。"

"不错。"

"那么你也不能进去。"

紫衣仙子哭笑不得。

菁菁忽然指了指旁边:“为什么他能进去?”

雷公藤一愣,菁菁赶紧钻进了洞府。

雷公藤气急败坏地大发雷霆,可是有什么用呢?既然它死心眼地执行仙子的命令,就连自己也不能进去,只能更加严厉地把其他人拦在外面。

石洞很黑,菁菁摸索着走了一段,忽然眼前豁然开朗,别有洞天。

这里长满了南瓜、黄瓜、苦瓜、甜瓜、葫芦、笋瓜、丝瓜、油瓜……原来堇菜家族是各种瓜类的大本营。葫芦也叫瓠瓜,一只金光闪闪的葫芦在洞府里无聊地荡着秋千,一看见菁菁,就滔滔不绝地说:“快把我带走吧,我在这儿快闷死了!我要和三色堇玩捉迷藏,我要和春之仙子们载歌载舞,不要保管什么金种子。”

四十七、开到荼靡春事了

菁菁把宝葫芦带出洞府,交给紫衣仙子。

紫衣仙子从宝葫芦里倒出两颗金种子,放进菁菁的掌心。

菁菁有了十一颗神奇的金种子。

身材娇小的红衣仙子说:“我们本该送你一程,可是如果再不去石竹家族,就会错过今年的花会了。我送你一朵海棠花,让它带你去蔷薇目,你将在那儿完成春天的旅行。”

她从发间取下一朵海棠花,海棠花变成了一张花毯,载着菁菁乘风而去。

“菁菁,再见!一路多保重啊!”精灵们大声呼喊。

“再见,精灵朋友!再见,春之仙子!我会想念你们,我会回来的——”菁菁来不及细想,大声地回应。

海棠花在风中回旋，似乎也舍不得离开春天，二十四番花信风在这一刻倒转，整个蔷薇家族的故事重新上演。

第一番花信风唤醒了春梅，它是蔷薇家族最耐寒的花朵，用万点轻红敲碎冰雪。

然后是樱花绽放，绚丽的樱花如同云彩在树冠上飘浮，风过处变成缤纷的花雨。

紧接着，杏花、李花、梨花开了，原本水墨画一般的田园农舍刹那间变成了粉扑扑的水彩，蝴蝶、蜜蜂忙忙碌碌，在花间穿梭不停。

再然后，桃花开了，十里桃花如同绣屏，三生三世梦中经行。

棣棠花开的时候，春天变成温温柔柔，好像从激扬的舞蹈中缓和下来，在宁静的溪水边临波照影。

片刻低迷之后，蔷薇花开了，它们缤纷艳丽的花瓣把春天的色彩推向饱和。

然后，海棠花开了。

娇艳无比的海棠花啊，它在极盛之时光耀天地，连春之仙子都在它的面前黯然销魂。当它凋谢的时候，又是怎样不同寻常地壮美！

花信风继续地吹，月季和玫瑰一片又一片地绽放，把春天的故事一再上演。

当玫瑰消歇，蔷薇家族的帘幕缓缓合拢，最后出场的是美轮美奂的荼蘼花，它们繁密洁白，花瓣晶莹得轻触就会破碎，香气浓郁，却带着一丝忧伤。

时光流散，寂静无声。

菁菁目睹了蔷薇家族的盛典，那惊人的美丽、无限高昂的生命激情,令她深深地震撼。

她慢慢走过洒满荼蘼花的小径,闭上双眼。

再见了,春天!

再见了,刹那永恒的美!

只愿他日再来,海棠依旧。

只愿蔷薇花开,不染荼蘼。

尾声

四十八、菁菁与木灵

荼蘼花象征着末路的幸福，亦苦亦乐，亦幻亦真。

菁菁恍惚置身于万丈神木之上，树枝纵横交错，宛如过去未来构成的无数光阴节点，那些见过的人、发生过的往事在树梢花影里依稀浮现。

天空开始下雨，万丈流泉从树上奔腾而下，冲刷去岁月的灰尘，洗濯出一片空旷的未来。

一个半透明的身影慢慢浮现，圆圆的笑脸、树根一样的腿，花瓣一样的手臂……菁菁想不起在哪儿见过，忽然灵光一闪，说："你就是木灵！"

"我就是木灵。我一路上跟着你，只是你看不见罢了。"

"是你让仙子们把金种子给我的？"

"是的。我长久以来一直在等一个人，一个可以帮我把金种子带到人间的人。她不仅是魔法森林的朋友，也是魔法森林的保护者，肩负起整个植物家族的使命。你，菁菁——就是我要等的那个人。"

"可是我并不完美。我——甚至窃取了地衣的金种子。"

"可是你到了这里，从没放弃。"

木灵伸出花瓣一样柔软的手，握住了菁菁的手。菁菁感觉到他们在用另一种方式交谈，魔法森林的万叶千花，都在侧耳聆听。

他们谈了一个下午。

那是花的一度缘劫。

宇宙的一念之际。

四十九、回家

菁菁骑着马儿回到了家乡。

家乡的泥土干涸,梦里还是青青的颜色。

家乡的老槐树布满了皱纹,可是树枝上的红丝带还在风中飘舞。那是父亲和母亲为她祈福时,虔诚系上的红丝带。

母亲说:“你回来了。”

菁菁扑进母亲的怀抱,泪水融入脚下的泥土,泥土散发出久违的芳香。

菁菁找到了父亲,他在很远的山坡上开荒,那里有一棵不知从何而来的桂花树,桂花树下有一汪小小的泉眼。

“孩子,你真的回来了!”父亲放下锄头,把菁菁高高地举过头顶。

菁菁眺望远方,摊开了手掌,十二颗金种子融化成金色光芒,从山坡上洒向村庄。

龟裂的田地泛起了层层绿色,泉水汩汩地流淌,汇成一条清澈的小河。

山坡上开满了五颜六色的花朵。菁菁和父亲、母亲牵手走在田野里,沉浸在春天来复的喜悦之中。

故乡恢复了生机,乡亲们陆陆续续回到了家园。老槐树下成为人们纳凉歇息的胜地,每到傍晚,人们在树下喝茶、谈天、说故事,分享着丰收的果实。

菁菁在家乡度过了愉快的时光,直到有一天,她收到魔法森林的来信。

“我要出发了。”菁菁对父亲和母亲说。

“你要去哪儿?”

“我要去下一座魔法森林,打开那儿和人间的通道,把万叶千花带到人间。”

菁菁骑着马儿奔向远方。

五十、致仙子

有一座美丽的魔法森林，盛开着五彩缤纷的花朵，居住着数不清的仙子。

有一天，一个小仙子离开了森林，来到人间。她和人类的孩子一起嬉戏玩耍，还在人间定居下来。她依然具有森林里的法力，能够和植物们倾心交谈，每当夜幕降临，她会变得很小，睡在花心里。她还能走进人间的梦境，在梦中留下甜美的花香。

小仙子长大了，渐渐迷失于钢筋水泥的森林。她不再喜欢在花丛中流连忘返，不再关心春夏秋冬的交替，她渐渐失去了法力，甚至忘记了魔法森林中发生的一切。

这个仙子——不，这个人，过着日复一日单调而忙碌的生活。

她要应付一场接一场的考试，完成一件接一件的工作，实现一个又一个的目标。

她渐渐老去，眼睛不再有明亮的火焰，越来越像一部疲劳运转的机器。

有一天，她在一棵大树下停下来，靠着树干喘口气。

大树发出一个声音：“嘿，我认识你，你是当年为我浇水的小仙子。”

她说：“我不是仙子。”

大树说：“你忘了吗？你为我浇水的时候，我还是一棵小树苗。你对我说，要努力长成参天大树。”

她还是说：“可是，我不是仙子。”

“有个调皮的孩子用小刀切掉了我的一根枝条，你为我包扎过伤口。”

“真的吗？你也会疼吗？”

“你为我捉走讨厌的毛毛虫，但是也留下了一两只变成蝴蝶。”那个声音絮絮地说着。

她若有所思地说：“难道我真的是仙子，可是我什么魔法也没有呀！”

“你有的。你的手不是依然可以播种绿色的奇迹吗？”

她说：“我想我应该可以试试。”

从那天开始，她又渐渐变成了美丽的仙子，和大自然倾心交谈，永远都不会老去。